内容介绍

本书以问答的形式介绍了大葱、悲葱、洋葱、大蒜、生姜等几种蔬菜的品种选择、适时播种、田间肥水管理技术、病虫草害防治技术等。内容详实，语言通俗易懂，可操作性强，适合广大农业科技人员、菜农朋友阅读，也可供农业院校蔬菜种植等相关专业师生参考。

听专家田间讲课

葱姜蒜
高产栽培技术问答

劳秀荣　编著

中国农业出版社

图书在版编目（CIP）数据

葱姜蒜高产栽培技术问答/劳秀荣编著．—北京：中国农业出版社，2017.1（2019.3 重印）
（听专家田间讲课）
ISBN 978 - 7 - 109 - 22570 - 1

Ⅰ.①葱… Ⅱ.①劳… Ⅲ.①葱-蔬菜园艺-问题解答②姜-蔬菜园艺-问题解答③大蒜-蔬菜园艺-问题解答 Ⅳ.①S63 - 44

中国版本图书馆 CIP 数据核字(2017)第 002564 号

中国农业出版社出版
（北京市朝阳区麦子店街 18 号楼）
（邮政编码 100125）
责任编辑 贺志清

中国农业出版社印刷厂印刷 新华书店北京发行所发行
2017 年 1 月第 1 版 2019 年 3 月北京第 3 次印刷

开本：787mm×960mm 1/32 印张：6
字数：76 千字
定价：14.00 元

主　　编： 劳秀荣

副 主 编： 董玉良　魏海涛　张昌爱

编写人员：（按姓名笔画排序）：

马　旭　刘俊哲　孙伟红　毕建杰

劳秀荣　杨守祥　张昌爱　郝艳茹

董玉良　魏海涛

出版说明

CHUBANSHUOMING

保障国家粮食安全和实现农业现代化，最终还是要靠农民掌握科学技术的能力和水平。为了提高我国农民的科技水平和生产技能，向农民讲解最基本、最实用、最可操作、最适合农民文化程度、最易于农民掌握的种植业科学知识和技术方法，解决农民在生产中遇到的技术难题，中国农业出版社编辑出版了这套“听专家田间讲课”丛书。

把课堂从教室搬到田间，不是我们的最终目的，我们只是想架起专家与农民之间知识和技术传播的桥梁；也许明天会有越来越多的我们的读者走进校园，在教室里聆听教授讲课，接受更系统、更专业的农业生产知识与技术，但是“田间课堂”所讲授的内容，可能会给读者留下些许有用的启示。因为，她更像是一张张贴在村口和地头的明白纸，让你一看就懂，一学就会。

本套丛书选取粮食作物、经济作物、蔬菜和果树等作物种类，一本书讲解一种作物或一种技能。作者站在生产者的角度，结合自己教学、培训和技术推广的实践经验，一方面针对农业生产的现实意义介绍高产栽培方法和标准化生产技术；另一方面考虑到农民种田收入不高的实际问题，提出提高生产效益的有效方法。同时，为了便于读者阅读和掌握书中讲解的内容，我们采取了两种出版形式，一种是图文对照的彩图版图书，另一种是以文字为主、插图为辅的袖珍版口袋书，力求满足从事农业生产和一线技术推广的广大从业者多方面的需求。

期待更多的农民朋友走进我们的田间课堂。

2016 年 6 月

目录

MU LU

第一部分 葱蒜类蔬菜高产栽培技术

1. 葱蒜类蔬菜有哪些共性？

葱蒜类蔬菜是一类香辛类或鳞茎类蔬菜，主要包括大蒜、韭菜、大葱、韭葱、洋葱、分葱、香葱、胡葱及薤等，属于百合科葱属二年生或多年生草本植物，以嫩叶、假茎或有变态叶鞘形成的鳞茎等为食用的产品器官，并有一种特殊的香辛气味，是人民生活不可缺少的调味品。

葱蒜类蔬菜原产于大陆性气候区，当地气候变化剧烈，年温差和昼夜温差较大，空气干燥，土壤湿度有明显的季节性变化。在其系统发育过程中，逐步形成了相适应的形态特征——短缩的茎盘、喜湿的根系、耐旱的叶形、具有储藏功能的鳞茎或假茎以及对气候适应性能（抗旱或抗寒）等生物学特征。葱蒜类蔬菜生育期分为营养生长和生殖生长2个阶段。营养生长期多具分蘖特性。同属绿体春化作物，在低温条件下通过春化阶段后，在长日照和适温下抽薹、开花和结籽。这类蔬菜没有主根，从短缩茎的基部和边缘陆续发生须根，构成浅的须根系。叶由叶身和叶鞘构成，居间分身组织位于叶鞘基部，先端收割后，可陆续生长。葱属蔬菜种子的寿命较短，平均发芽年限为 2 年，使用适期以一年为好，生产上宜用当年的新种子播种。

葱蒜类蔬菜以叶和叶的变态器官为产品。鳞茎和假茎的形成依赖叶片的长势强弱，同时也影响产量和品质。此类蔬菜适于在疏松肥沃、保水保肥力强的土壤上栽培。植株低矮，叶丛直立叶面积小，很适宜密植。单位面积株数多，要求肥水供应充足。这类蔬菜有共同的病虫害，栽培中应避免重茬，同类蔬菜也不要连作。

由于其抗性强，适应性广，露地栽培和保护地栽培均能获得较高的经济效益。其中韭菜在我国各地均有栽培，而大蒜、大葱则在北方栽培较多，例如山东章丘、临朐大葱，苍山、嘉祥大蒜等，以其优良品质闻名全国，驰名海内外，其产品远销日本、韩国。南方主要以韭菜、分葱、叶用大蒜等较普遍，近几年洋葱与蒜头的栽培面积也迅速扩大，经济效益日趋提高。

2. 葱蒜类蔬菜有哪些需肥共性？

葱蒜类蔬菜为弦状须根，生长期中又能从短缩茎部再生新的须根，根系分布范围较广，但入土较浅，几乎无根毛，吸肥吸水能力弱。葱蒜类蔬菜生长期长，吸收养分总量多。要获得优质高产，必须增加肥水供应量，特别是施肥量和施肥次数，如氮、磷、钾、钙、硫等多种养分的均衡供应。

3. 葱蒜类蔬菜有哪些食用价值？

葱蒜类蔬菜食用部分不仅含有丰富的蛋白质、脂肪、碳水化合物、钙、磷、硫、铁等矿物质，还富含维生素 C、维生素 B_1、维生素 B_2、胡萝卜素等营养成分，而且还具有特殊的香辛辣味，具有去腥作用，被广泛用作调味料。这类蔬菜含有的药用成分，对某些病原菌有较好的抗菌效果，因此常被用作保健食品。

4. 近几年葱蒜类蔬菜市场发展前景如何？

近几年来，葱蒜类蔬菜的市场发展前景非常看好，因为此类蔬菜的食用价值很高，富含多种营养元素，同具医疗与保健作用，深受国内外人民的喜爱，在国际市场亦有很大的发展空间。

第一，葱蒜类蔬菜是我国人民普遍食用的蔬菜，生食或炒食或作调料，还可腌渍加工，国内的需求量很大。以大蒜为例，目前我国长江以北大蒜规模化种植面积逐年扩大，年产大蒜产品逐年增加，其中绝大部分消费于国内，而出口量仅占其中的10%左右。

第二，葱蒜类蔬菜产品出口外销的发展空间很大。据统计，近几年我国蔬菜主导产品出口量超过10万吨的首批品种就是鲜蒜头和冷藏蒜头，其次是其他鲜或冷藏蔬菜。而且我国的大蒜产品的出口市场越来越大，全世界大蒜产品的消费量平均每年以20%的速度递增，我国大蒜出口量近30年间以上千万吨的速度上升，出口创汇约占我国蔬菜出口创汇总额的10%以上，出口国家已发展到六大洲百余个国家和地区。

第三，葱蒜类蔬菜的深加工产品市场前景也很看好。除冷藏、腌渍、速冻、脱水外，大蒜、洋葱还可以开发多种深加工产品，如大蒜可以开发保健产品，脱水蒜片、大蒜粉、大蒜蓉、大蒜油、大蒜酒等。大蒜药用产品开发包括大蒜素胶囊、大蒜糖浆、大蒜浸出液等；大蒜日用化工产品开发包括无臭蒜素沐浴液、护发生发水、保鲜防腐剂等。

一、葱类高产栽培技术

5. 葱类有哪些主要种类和利用价值？

葱的主要种类有普通大葱、分葱、香葱、胡葱和楼葱等类型。在分类上，分葱、香葱和楼葱是普通大葱的变种，大葱类型以北方栽培为主，分葱类型以南方栽培较多。

普通大葱：植株较高，分蘖力弱，以叶鞘和叶身为产品器官。叶鞘肉质甘甜脆嫩，能开花结籽，用种子繁殖。品种繁多，栽培面积大，在我国北方有许多大葱产区。按大葱假茎高度分为长葱白类型和短葱白类型，前者如章丘大葱、盖县大葱，高脚白、谷葱等，后者如鸡腿葱、对叶葱等。

分葱：为普通大葱的变种，植株矮小，假茎细而短，分蘖力强，多用分株繁殖，以食嫩叶为主，葱叶细长，深绿色，每株分蘖 2～3 个，单株重 100～150 克，茎叶辣味浓，品质好，耐寒性强。

楼葱：又称龙爪葱、羊角葱等，属于葱的一个变种，耐旱、耐寒，并有一定的耐盐力，故适于干旱地区栽培。植株直立，分蘖性和抗逆性强。其特点是花器变异，当花薹生长到 33～50 厘米高后，不开花结籽，而是形成许多气生鳞茎，萌发成许多小葱，继续伸长 20 厘米左右，其顶部又生小鳞茎，如此重叠成楼状，故称楼葱。气生鳞茎可作繁殖材料。食用部分为短小的葱叶和葱白，品质欠佳，叶鞘外皮红褐色，内层白色，辛辣味浓。

香葱：又名四季香葱，为葱的变种，质地柔软，味辣而甜，有香气，品质极佳，能开花结实，常用种子繁殖。在我国南方可四季生产，除鲜食作调料外，还是脱水蔬菜加工中的优良品种。

胡葱：又称火葱、蒜头葱和瓣子葱，分蘖力强，叶淡绿，比大葱也细而短，鳞茎发达而成簇状 10～20 个，基部相连。夏季地上部枯萎，以鳞茎越夏，可作繁殖材料，能抽薹开花但不结籽。青叶可食，鳞茎多做盐渍用。

葱类产品含有碳水化合物、蛋白质、维生素和磷等营养物质，还含有氧化丙烯辛辣素，具有芳香气味，生食熟食皆优，并具有一定的药用价值。

6. 葱类有哪些共性？

葱类包括大葱、分葱、香葱、胡葱等变种，为百合科葱属二年生或多年生草本植物。其中北方栽培与食用者多为大葱，而南方却以分葱与香葱较多。葱类的基本形态相似，叶为圆筒形，以叶鞘与嫩叶为产品供食用，鳞茎不特别膨大或较小，根为弦状须根，入土较浅。多以种子或分株繁殖，不同变种略有差别。

（一）大葱高产栽培技术

7. 我国大葱产业发展概况如何？

大葱起源于亚洲西部和我国西北部高原，属于中亚高山气候区，季节温差和昼夜温差较大，夏季干旱炎热，冬季严寒多雪，是明显的大陆性气候区。起源于此区的蔬菜，一般是在春季化雪以后，水分充足，气候温和时开始生长。大葱的叶片表现出抗旱的特性，根系不发达，要求湿润肥沃的土壤条件。大葱既抗旱又耐热，适应性强，在高温炎热干燥季节临时以休眠状态来适应；严寒冬季，不论在露地越冬，还是低温储藏，均不受冻害，是抗逆性最强的蔬菜。大葱高产又耐储藏，通过露地分期播种，可以做到周年供应市场。春、夏、秋三季以青葱供应市场，冬季主要以干葱或可在保护地囤葱供应市场。

我国是主要栽培大葱的国家，栽培历史悠久，全国各地均有栽培，尤其在我国北方各省更为普遍。山东、河南、河北、陕西、辽宁、北京、天津等是大葱的集中产区并培育出许多著名而优良的大葱品种，如山东的章丘大葱，辽宁的朝阳、陕西的赤水孤葱，内蒙古的毕克齐大葱等驰名中外，畅销国内外蔬菜市场。大葱以叶身和假茎为产品，营养丰富，富含蛋白质、糖类、维生素以及各种矿物营养，还含有挥发性的硫化丙烯，俗称蒜素，辛辣芳香，具有增进食欲、开胃消食、杀菌防病的作用。大葱生熟食均可，还是各种菜肴的调味品。幼嫩时可食小葱，长大后可食葱白和葱叶。

8. 大葱有哪几种栽培形式？

大葱的主要栽培形式有露地栽培和保护地栽培两种形式，露地栽培可根据适宜季节播种定植。保护地栽培可在冬季利用日光温室，早春利用大中棚，夏季利用遮阳网等设施进行栽培，在不适宜大葱生长的季节人工改善环境条件，促其生长发育。

9. 大葱对环境条件有哪些要求？

大葱在营养生长期要求凉爽的气候、肥沃的土壤、中等光强。休眠期则要求低温通过春化阶段。一般品种第二年在长日照下才能开花。

10. 大葱对温度有哪些要求？

大葱耐寒也较耐热，种子可在4～5℃的低温下发芽；13～20℃为发芽的适宜温度；20～25℃为植株生长的适宜温度；低于10℃时生长缓慢；高于25℃时生理机能会失调，植株抗性降低，叶片发黄；超过35℃植株呈休眠状态，部分外叶枯萎。大葱耐寒能力强，其耐寒能力与品种特性和植株营养积累状况有关，在－10℃时仍不受冻。幼苗期和葱白形成期的植株，在土壤和积雪的保护下，可度过－30℃的低温。

大葱属于绿体春化植物。萌动的种子不能感应低温，必须长到 2 叶 1 心以上时，植株已经积累了一定的养分，经 60～70 天、2～5℃的低温，便可通过春化阶段。若秋季播种过早，植株较大，营养物质积累较多，定植后会发生先期抽薹现象。越冬前最适宜的幼苗大小，因品种不同而略有差异。以普栽章丘大葱为例，适宜的越冬苗龄为 3 片真叶，2 片真叶会发生越冬死苗现象，4 片真叶则会发生植株的先期抽薹。

11. 大葱对水分有哪些要求?

大葱主要根群分布在土壤的表层，无根毛或根毛很少，根系较弱，吸收水分的能力差，喜湿，要求较高的土壤湿度。特别是在大葱幼苗期和假茎膨大期，适当浇水施肥是夺取高产的重要措施。大葱的管状叶片其表面布满蜡粉，水分蒸腾少，故较耐旱。一般要求较低的空气湿度，空气相对湿度 60%～70%为宜，湿度过大易发生病害。

大葱不同生育期的需水规律各不相同。发芽期需要适宜的土壤湿度，以利于种子萌发出土；幼苗生长前期，为防止幼苗徒长或生长过快，要适当控制浇水，保持畦面见干见湿；越冬前要浇足冻水，返青后及时浇返青水；缓苗期以中耕保墒为主；植株生长旺盛期要增加浇水量和浇水次数；葱白形成期是需水高峰，要保持土壤湿润。水分不足时，植株虽较小，但辛辣味较浓，品种良好。

12. 大葱对光照有哪些要求?

大葱生长期间要求光照强度适中，其光补偿点为 1 200 勒克斯，光饱和点为 25 000 勒克斯。若光照过强，则叶片容易老化，纤维增加，食用价值降低；若光照过弱，会导致叶绿素合成受阻，光合能力降低，营养物质积累少，引起减产。

长日照是大葱花芽分化必不可少的条件之一。不同品种对日照长度要求不同，有些品种经春化以后，无论在长日照下还是在短日照下均可正常抽薹开花。

13. 大葱对土壤有哪些要求?

大葱的根系为弦线状须根，着生于短缩茎上，并随茎的伸长而陆续发生新根。根分枝性弱，根毛较少。根群主要分布在表土 30 厘米范围内。在深培土的情况下，根系不是向深处延伸，而主要是水平延长和向上发展。根系吸收肥水能力较弱，宜种植在土层深厚、排水良好、富含有机质的疏松土壤上。在砂质土壤中栽培，假茎洁白、美观，但质地松软，耐储性差；在黏重土壤上栽培，假茎质地紧密、辛辣味浓，耐贮藏，但色泽灰暗。在砂壤土上栽培，便于松土和培土，土质疏松，透气性强，容易获得产量高品质好的产品。大葱根系喜湿怕涝，生长期间要求较高的土壤湿度，但土壤湿度过大，尤其是高温高湿，根系易坏死、变黑。大葱要求中性土壤，pH 以 7.0 为宜，若在酸性土壤上栽培大葱时应经常施用石灰以土壤改良。大葱忌连作重茬，最好与禾本科、豆科或其他非葱蒜类蔬菜轮作 2～3 年。

14. 大葱有哪些需肥特性？

大葱生育期较长，产量高，需肥量较多。而其产量取决于假茎的长度和粗度，假茎的生长又受发叶速度、叶数多少、叶面积大小影响。其内因受制于品种特性和先期抽薹，其外因受温度、水分、光照、土壤营养的综合影响。一般叶数越多，假茎亦越高越粗；叶身生长越壮，叶鞘越肥厚，假茎越粗大。

大葱属于两年生耐寒性蔬菜，整个生育期分营养生长和生殖生长两个时期。从第一片真叶出现到越冬为幼苗期，历时40～50天。此期气温偏低，生长量较小，管理上以防止幼苗徒长、安全越冬为主，故需肥量很少。从翌春返青到定植为幼苗生长旺期，长达80～100天。是培养壮苗的关键时期，应及时追施“提苗肥”，以速效氮为主。白露前后是大葱最适生长季节，进入葱白形成盛期，假茎迅速伸长和增粗。此期是大葱需肥吸肥最多的时期，也是肥水管理的又一关键时期，可结合分期培土和浇水，追施速效性肥料，促进植株生长，增加营养物质的积累，使叶身中的营养及时转送到叶鞘中，加速葱白的形成，其产量几乎占植株生长量的40%。随着气温的下降，霜降后植株生长随即停止，叶片和根系逐渐衰老，吸肥量迅速下降，产品器官已形成，直到收获前，大葱主要靠叶身供应养分。

15. 大葱施肥需要掌握哪些原则？

大葱生长周期较长，产量高，需肥量大。由

于大葱喜肥，在施足基肥的基础上，根据各生育期的需肥规律进行追肥。基肥以有机肥为主，要求氮磷钾齐全，应特别注意硫肥的施用。追肥以速效氮肥为主，以“前轻后重，攻中补后”为原则。一般每生产 1 000 千克大葱产品约吸收 N 3.4 千克、P_2O_5 1.8 千克、K_2O 6.0 千克，三者比例为 1.9∶1∶3.3，以钾素的吸收量最大，磷的吸收量最小。但磷素能促进发生新根，增加吸收面积和吸收能力，增施磷肥对大葱增产增质非常重要。此外，增施钙、锰、硼等营养元素对大葱的生长也有一定作用。

16. 大葱有哪些营养失调的病害？

氮素不足使葱叶淡绿色或黄色，叶片细小，植株低矮老化，产量低；氮素过剩，大葱叶片浓绿，生长过旺，叶片机械组织不发达，脆嫩易折，易发生病害，遇风植株易倒伏。磷素不足时分生组织分裂受阻，根系发育不良，植株矮小。钾素不足时光合作用减弱，机械组织发育不良，抗病虫及抗风能力下降。

17. 露地栽培大葱有哪些高效生产管理措施？

在我国广大的北方地区，大葱多数为秋播夏

定植，入冬即为优质产品——大葱。南方温暖地区可春播或秋播，入冬收获。这种栽培方式产量高、品质好、耐储性强。

（1）苗床施肥，培育壮苗。葱幼苗适宜的有效生长时间为 80～90 天，方可达到定植标准。选择抗性强、适应性好、产量高、耐贮藏、品质和商品性好的优良品种，如章丘大葱系列、高脚白、华县谷葱、三叶齐、日本葱等。

大葱对温度的适应性广，春夏秋三季均可播种，以春秋季为主。北方大葱以秋播、夏播为主，第二年入冬收获。南方则以春播和秋播为主，秋播的在第二年入冬时收获，春播的在当年收获。

①冬葱秋播育苗肥水管理：在播种前，种子经消毒浸种催芽，秋播苗床育苗。秋播大葱幼苗期要经过冬前苗期、越冬期、返青期，而后进入葱苗旺长期。在越冬前肥水管理上要求幼苗长出的叶数不能超过 3 个（2 叶 1 心），否则在春季会出现先期抽薹现象。所以，既要保证越冬幼苗有足够的生长量，又不能使幼苗徒长，播种后，苗床土壤应控温控湿，加强肥水管理，安全越

冬。越冬前是否对幼苗追肥，结合实际情况灵活掌控。如果苗床施足了基肥，一般不需追肥，以防止幼苗过大或徒长；如果苗小基肥不足，可随浇水追肥1次。寒冷地区可采取防寒措施，如覆盖热性肥料、设立风障等。

到翌年春季，谷雨节前，当小葱长到3片叶时，要及时清除覆盖物，修好畦埂，把畦面耙耧一遍，然后适时浇返青水。有条件时可结合浇返青水，冲施腐熟的有机肥4 500～7 500千克/公顷，然后中耕、间苗、蹲苗、除草。蹲苗后幼苗进入旺长期，要增加浇水追肥次数，保持土壤见干见湿。在幼苗进入旺盛生长开始，约在4月下旬，结合浇水，可追施尿素150～300千克/公顷，注意不可用碳酸氢铵追肥，以免烧坏葱叶。为了增强葱苗抗逆能力，可叶面喷施0.2%的磷酸二氢钾液，以补充钾素营养，从而有效地减少葱叶干尖、黄叶的发生。以后每隔7～10天浇1次水，浇两遍水施1次肥，猛攻猛促，每次施尿素200～300千克/公顷。5月中旬即可出圃移栽定植。

②春播育苗肥水管理：春播育苗从4月下旬

开始第一次浇水施肥，每次施尿素 150 千克/公顷，或冲施腐熟的尿粪肥 4 500～7 500 千克/公顷。后视葱苗长势，可增加尿素施用量到 300 千克/公顷。以后每隔 10 天浇 1 次水，到 6 月上旬要停止浇水施肥，进行蹲苗、炼苗，使葱叶纤维增加，增强抗风、抗病能力。蹲苗、炼苗 20～25 天后，可于移植前 10 天浇水施肥，此次肥为移栽返青打下良好基础，也称为“送嫁肥”。

为加强葱苗防病能力，可用草木灰过滤水溶液进行叶面喷施补充钾素营养，每公顷 110 千克草木灰溶于 225 千克水中，也可用 0.2%的磷酸二氢钾液喷施，使葱苗生长势强，抗病害和抗风能力强。

（2）重施基肥，适时定植。生产实践证明，精细整地，早栽大葱，是获得高产的基础。无论是秋播苗还是春播苗，都要早整地，早移栽，在雨季和高温前使定植苗返青，根系发育良好。

①定植前重施基肥：

定植时间：大葱定植期的确定，一是要根据当地的气候条件，保证在停止生长前有 130 天以上的生长时间。二是要根据前茬作物的腾茬时间，北纬40℃以南的平原冬麦区，大葱定植正是在小麦收割之后，但越靠北，收麦与定植大葱的间隔时间就越短，必须抢时进行。三是要根据育苗方式，春播育苗一般比秋播育苗的葱苗小，故定植期应晚15天左右，华北地区多在6月上旬至7月上旬定植。

施足基肥：大葱定植土壤要求与苗床地相同。要选择3年内未种过葱蒜类的地块，整地时要清除前茬作物遗留残体，然后深耕晒垡。由于大葱苗根系短，入土浅，吸收土壤营养的能力差，要想培育壮苗，定植地选择好后必须施足优质有机肥和一定量的磷钾肥做基肥。施肥方法视肥料用量而定，以腐熟或半腐熟的有机肥为主。用量多时可撒施，在深耕时可将有机肥撒于地面，随深翻后与土壤充分混匀。少时可将腐熟的有机肥施在定植沟底。一般基肥施质量好的有机肥35 000～50 000千克/公顷、草木灰1 500千克/公顷、过磷酸钙375千克/公顷。施肥后再深翻，耙平做成平畦或南北向种植沟。地下害虫严重时，最好用生物农药杀虫。

②适时定植：定植时葱苗的标准是：单株平

均重 40 克左右，高 50 厘米左右，葱白长 25 厘米、粗 1 厘米左右，管状叶色浓绿，每株不少于 5～6 片，具有本品种的典型性状。起苗时土壤干湿适宜，葱苗要进行选苗分级，严格除去病虫害苗、残苗、弱苗和抽薹苗，并要尽量保留完整的根系，减少损伤。应根据葱苗的大小和长短分级，分别栽植，大苗要略稀植，小苗宜稍密。葱苗的栽植深度以“上齐下不齐”为原则，即插葱深度以心叶处高出沟面 7～10 厘米为宜。

定植时沟开的不可太深，也不可太浅，太深了，死土层不利于根系生长，太浅了以后培土比较困难。定植沟开好后，新翻上去的虚土要稍加镇压，防止以后塌方压倒葱苗。将沟内葱苗排好后，要适量施用压根肥。压根肥以腐熟的厩肥为好，大约 75 000 千克/公顷加氮、磷、钾复合肥 1 125 千克/公顷混合均匀后施用。结合开下道沟，压根肥上面再适当覆一层细的湿土，其厚度以压根肥加湿土不埋没葱心（生长点）为宜，并稍加镇压即可。刚刚定植后的葱苗严禁浇水，以防根系腐烂造成大量死苗。

（3）巧施追肥。大葱定植后，正值温度最适宜生长的时期，肥水管理是高产优质的重要措施。要求施足压根肥的生长中期以前不会缺肥，只要土壤湿度适宜，越夏缓苗期不浇水、不追肥，只浅中耕，多松土及时拔草，改善土壤的通气性，即可保证迅速健壮生长。

①适施攻叶肥：葱白生长初期，当度过雨季，炎夏刚过，天气转凉，植株生长逐渐加快，老叶逐渐枯黄，新叶不断发生。应追一次攻叶肥，可以促使多发叶和叶鞘的生长。要掌握好有机肥与速效化肥的配合施用。一般施复合肥225～300千克/公顷或尿素、硫酸钾各225千克/公顷，或腐熟好的饼肥15 000～22 500千克/公顷，肥料施沟脊，中耕混匀，锄于沟内，然后浇水，能及时满足叶片增产和增多的需求。

②巧施攻棵肥：9月上旬是大葱生育的适温期，葱白进入生长盛期，是产量形成最快的时期。此时葱需肥最多，应施攻棵肥，氮、磷、钾养分要齐全。此次追肥量应相等于或稍多于第一次追肥量。也可浇施腐熟好的人粪尿11 250千克/公顷或撒施草木灰1 500千克/公顷、腐殖酸铵450千克/公顷、过磷酸钙450千克/公顷。追

肥后结合深锄，进行培土于葱两侧，使原有的垄背变成垄沟，并及时浇水以满足大葱迅速生长的需求。

③重施葱白增重肥：在9月下旬至10月上旬，是大葱光合产物加快运转与储存、葱白迅速增重而充实的时期，也是产品形成前的需肥高峰期。在山东主要大葱产区，大葱和小麦套作栽培。此时正值小麦播种期，为使小麦有充足的基肥，应重施追肥一次。一般施腐熟的有机肥60 000～75 000千克/公顷，补加三元复合肥375千克/公顷或外加尿素、过磷酸钙、硫酸钾等各100～150千克/公顷，撒在行间沟底，结合中耕培土，将肥料埋入土中，然后浇水。此肥兼有保证葱优质丰产和供给套种小麦需要的双重作用。进入10月后，由于肥料充足，叶片数及叶面积已增至顶峰，故不需追肥，直至收获。南方不少土壤易缺硼，在施增葱白肥的同时，配施硼砂15千克/公顷，对提高葱白的质量具有良好效果。

（4）培土软化。葱白的长短主要取决于品种特性、肥水管理和有无病虫害等因素。培土可以加长假茎的软化部分，培土高度要适宜，每次培土的厚度以不埋葱心为标准，即只埋叶鞘，勿埋叶片。培土必须于葱白形成期并结合浇水施肥，在立秋、白露和秋分分别进行。培土次数一般为3～5次。

18. 保护地栽培大葱有哪些高效生产管理措施？

大葱由于耐贮藏，在冬季也有干葱供应，一般不需设施栽培。但是，随着国内外市场要求大葱的周年供应，仅靠露地生产已不能满足人民生活的需要。保护地栽培的大葱，可随时播种，周年生产供应市场。因此结合棚室设施蔬菜的倒茬，利用温室、拱棚或分苗阳畦的空闲时间，合理安排大葱与其他设施蔬菜的轮作，对于克服棚室土壤的连作障碍，缓解大葱淡季市场供应不足，栽培柔嫩绿叶的鲜葱，冬春之际调节市场，提高棚室生产效益意义重大。

（1）大葱秋延后茬棚室栽培高效栽培技术。大葱大拱棚套小拱棚秋延后茬栽培，可在冬春季节鲜葱收获淡季供应市场，经济效益很好。其茬口安排在4月下旬至5月上旬露地育苗，8

月上中旬定植，10 月中下旬大棚覆膜，第二年 1～3 月根据市场行情，陆续采收供应市场。

①播前准备：秋延后茬大葱应选择耐低温寡照、耐抽薹的优良品种，要求在低温高湿的棚室内具有较强的抗病性，假茎组织紧实度高，假茎色泽白亮，加工品质好等。目前多采用日本大葱品种，如元宝大葱、元藏大葱、天光一本大葱等。

苗床选择、种子处理均同露地栽培。在前茬作物收获后及时整地施肥，结合整畦，普施充分腐熟好的农家肥 45 000～60 000 千克/公顷加 450～750 千克/公顷或颗粒大葱专用有机肥 2 250～3 000 千克/公顷、尿素或磷酸二铵150～225 千克/公顷、硫酸钾 75～150 千克/公顷。

②苗床管理：播种 7～10 天后幼苗出土，应及时揭去农膜。本茬口育苗前期春季气温干燥，应加强肥水管理，过度干旱易导致叶片发黄、干尖，不利于壮苗培育。可结合浇水追肥2～3 次，每次顺水冲施尿素 150～450 千克/公顷，为提高葱苗抗病能力，可用 0.5%草木灰浸出液或 0.2%的磷酸二氢钾溶液，叶面喷施以补充钾素，

间隔7天喷1次，连续喷2～3次，能有效减少葱叶干尖和黄叶现象。育苗中、后期正值高温多雨季节，可在葱畦上架设小拱棚遮雨，雨后及时去膜，防止病害多发。酷暑季节可在小棚上方遮盖遮阳网降温。整个育苗期为病虫害多发期，应用生物农药及时防治。

③适时定植：定植田可选在已建大拱棚内，也可先选择地定植，后期架设拱棚。结合整地普施充分腐熟好的农家肥60 000～75 000千克/公顷，南北向开沟，沟深25厘米、宽30厘米左右。并结合开沟，再集中施入氮磷钾复合肥450～750千克/公顷。

定植前1～2天苗床浇水，以利起苗。随即剔除病虫害苗、弱苗，按照葱苗大小分成一、二、三级分别定植。定植宜在早晚进行，避开中午高温强光时段，以利缓苗。

④加强肥水管理：定植后缓苗期大约20天左右，此期土壤不是特别干旱可不必浇水，以利蹲苗促壮，缓苗后浇小水1次，雨后及时排除积水。进入生长期后要结合培土大水勤浇，总的原则是浇足、浇透，保持土壤湿润，田间不积水

为宜。

大葱缓苗后，可结合浇水追施提苗肥，尿素或磷酸二铵 150～225 千克/公顷即可。假茎生长初期应追施攻叶肥，结合浇水冲施氮磷钾三元复合肥 300～450 千克/公顷。假茎盛长期，需肥量逐渐增大，应及时追施攻棵肥，结合培土分 2～3 次追施三元复合肥 900 千克/公顷、尿素 150～225 千克/公顷、硫酸钾 150～225 千克/公顷。大葱生长后期（假茎充实期），根据其长势结合浇水冲施三元复合肥 150～225 千克/公顷或适宜浓度腐熟的饼肥液、沼气肥液 3 000～4 500 千克/公顷，以提高大葱抗病抗寒能力。

大葱培土应断续进行，第一次培土可结合浇水或雨后中耕平沟。之后据其长势，一般每隔半月培土 1 次，大约共 4 次。培土时注意不要埋没葱心，保持假茎直立，使假茎长度在 30 厘米左右为宜。

（2）温室囤葱无公害栽培高效施肥技术。一般利用日光温室或加温温室靠近温室前沿的边畦及走道、火道等地边或设施囤葱，这些地方比较低矮，温度变化剧烈或光照条件较差，其他蔬菜生长不好，但可以囤栽秋季落地栽培中生长不好的大葱，以新鲜葱供应市场需求。

囤葱栽培一般分为两种模式：

一是拟囤栽大葱生长至秋冬季节不收获，就地越冬，春季萌发产生羊角葱，即露地越冬贮藏。

二是春夏季育苗，秋季露地栽培囤栽植株，秋冬收获半成株大葱后自然贮藏，早春或冬春季节在温室、地窖、阳畦等保护设施内密植囤栽，生产羊角葱。

品种选择：囤葱栽培宜选择假茎较短、粗的鸡腿葱品种或短白葱品种，一般不选择长白大葱。也可选择假茎短、植株细小、商品价值低的干葱，在春节前1个月左右，囤栽到温室中。以小干葱植株囤栽，增重可达原重的1.5倍，增重产量主要来自植株吸收的水分和少量光合产物。植株营养体过大的则囤栽增重不明显，而植株过小，积累营养不足，囤栽长出的发芽葱较小，商品性较差。

囤栽前做1.0米宽的高埂低畦，施少量农家肥，切齐畦埂，耙平畦面。把选好的干葱一颗挨一颗挤紧，上面覆盖细沙，把空隙填满，喷洒少量水，使细沙下沉。囤栽青葱一般不需要追肥，主要靠假茎贮存的养分长出新叶，根系吸收养分和水分较少。产量的增加虽然不很多，但售价却比干葱高。

19. 大葱有哪些主要病虫害？

大葱主要病害有霜霉病、紫斑病、软腐病、炭疽病、锈病、病毒病、菌核病、白腐病、黑变病、黄矮病等；主要虫害有根蛆、葱蓟马、潜叶蝇、葱蚜、红蜘蛛、蜗牛、斜纹夜蛾等。

20. 如何诊断和防治大葱紫斑病？

①危害症状：大葱紫斑病又称黑斑病，是葱类常见的病害，可发生于各种韭菜葱蒜类蔬菜作物上。主要危害叶片和花梗，储运期可危害鳞茎，多雨年份严重发生，损伤很大。

大葱紫斑病在苗期即可发病，后期更严重。病斑从叶尖或花梗中部开始发生，几天后即可蔓延至下部。初期病斑很小，凹陷，其大小和颜色因寄主不同而异，常见的有黑、紫褐、黄褐色等，湿度大时病部长满褐色至黑色粉霉状物，排列呈同心轮纹状。病斑继续扩展，数个愈合成长条形大斑，病部软化易折，致使叶片、花梗枯死。种株花梗发病率高，致使种子皱缩，不能充分成熟。收获前危害鳞茎，导致腐烂，组织变为红色或黄色，而后转为黑色。

②发病规律：病原菌为半知菌亚门葱格孢属真菌，以菌丝体或分生孢子在病残体上越冬。第二年产生分生孢子，借助气流或雨水传播蔓延。分生孢子萌发生出芽管，由气孔或伤口侵入，也可直接穿透寄主表皮侵入。在24～27℃温度时最适宜发病，病菌侵入葱叶后1～4天即可表现症状，5天后可从病斑上长出分生孢子。紫斑病在温暖多湿、连雨天、干旱、缺肥、种株长势弱、葱蓟马危害造成伤口时，发病严重。

③防治措施：一是加强田间管理，选择葱地要平坦、排灌便捷、肥沃、无污染的土壤，病地与非葱类作物进行2年轮作。从无病地或发病轻的地块留种。必要时进行种子消毒，用40%福尔马林300倍液浸种3小时，浸后充分水洗干净，以免发生药害。鳞茎消毒可用40～50℃温水浸泡90分钟。经常检查病情，及时拔除病株，摘除病叶、病花梗深埋或烧毁。收获后彻底清除

葱田，及时深耕晒垡。二是药物防治：75%百菌清可湿性粉剂 500～600 倍液或 58%甲霜灵锰锌可湿性粉剂 500 倍液或 64%杀毒矾可湿性粉剂 500 倍液或 50%扑海因可湿性粉剂 1 500 倍液或 70%代森锰锌 500 倍液或铜铵合剂（硫酸铜 1 千克加碳酸氢铵 0.55 千克）500 倍液喷雾，间隔 7～10 天 1 次，共喷 3～4 次，上述各种药剂也可交替使用，效果会更好。

21. 如何诊断和防治大葱霜霉病?

①危害症状：葱类霜霉病是大葱的主要病害。当条件适宜时，霜霉病可迅速流行，危害猖獗，严重影响大葱的生产。霜霉病主要为害大葱的叶片和花梗。大葱由鳞茎带菌引起侵染，病株矮化，叶片扭曲畸形，呈白绿色。潮湿时茎叶表面遍生白色绒霉；干燥时仅叶片出现白色斑点。被害叶片上病斑卵圆形或圆筒形，大小不一，边缘不明显，淡黄绿色。叶片中下部被害时，病斑上部的叶片下垂干枯。假茎被害后，常使假茎生长不均衡而向下弯曲。留种植株假茎被害后，假茎常破裂，影响种子成熟。

②发病规律：病原菌属于霜霉属真菌，秋季

以卵孢子附着在种子或细菌内部，以菌丝的形式越冬。第2年春季萌发，从气孔侵入。相对湿度90%以上，气温15℃左右是该病流行的适宜环境。湿度大时，病斑上产生孢子囊，借助风、雨、昆虫传播，进行多次侵染。低温多雨、浓雾弥漫、地势低洼、排水不良以及重茬地发病严重。病菌可借潮气流作远距离传播，因而造成病害大面积流行。一旦遇到适宜条件，会很快使全田或一定距离内的大葱蔬菜发生霜霉病。

③防治措施：一是选用无病地留种或使用无病种苗。由于大葱种子可能带菌传染，因此最好在干旱地区建立无病留种基地，采留种苗。播种时，要进行种子消毒；种株栽植时可将种株根茎部用45℃温水浸泡90分钟后，再用凉水冷却，然后定值。二是选用抗病品种。如独根葱，假茎紫红、叶管细、蜡粉厚的品种抗病性强；假茎松散、叶管粗大、叶肉薄、蜡粉少的品种抗病性较差。三是加强田间管理。实行轮作，合理肥水管理，严格控制病害发生。发现病株及时清除，收获后彻底清除病残体，及早深耕晒垡，减少越冬菌源。四是药物防治：从5～6叶期起或发病初

期开始喷药，常用药剂有：波尔多液 1∶1∶240 即 1 份硫酸铜∶1 份生石灰∶240 份水，或 65%代森锌可湿性粉剂 500～700 倍液或 50%敌菌灵可湿性粉剂 500 倍液或 75%百菌清 600 倍液等。间隔 7～10 天喷 1 次，连续 3～4 次，遇雨应缩短喷药时间。

22. 如何诊断和防治大葱锈病？

①危害症状：大葱锈病多发生于叶片、假茎部和花梗。发病初期出现淡黄绿色小斑点，以后演变成椭圆形或梭形的病斑，后期纵裂，周围的表皮翻起，散出橙黄色粉末。最后在病部形成长椭圆形或纺锤形的黑褐色稍隆起的病斑，破裂后散发出暗褐色粉末。发病严重时，叶片上布满病斑，导致叶柄干枯。春秋两季发病尤为严重。

②发病规律：锈病的病原菌为真菌中葱柄锈菌和葱锈菌侵染所致。病菌主要以冬孢子在病残体上越冬，第 2 年借助风传播扩散；夏孢子是再侵染的主要来源，春、秋气温较低，如果雨水较多，发病严重。若土壤肥力低，施肥不足时，大葱生长不良，染病也较严重。

③防治措施：一是实行配方施肥，促使植株

健壮生长，提高抗病能力。二是发病初期及时拔除病株，收获时彻底清除病残体，切断病菌侵染源。三是药物防治，常用药剂有15%粉锈宁可湿性粉剂2 000～2 500倍液或50%萎锈灵1 000倍液或70%代森锰锌可湿性粉剂1 000倍液加15%粉锈宁可湿性粉剂2 000倍液，或70%代森锰锌可湿性粉剂500倍液或80%代森锌可湿性粉剂600倍液或25%敌力脱乳油300倍液，每隔10天左右喷1次，连续喷2～3次即能达到预期效果。最好几种药物交替使用效果更好。

23. 如何诊断和防治大葱黑变病?

①危害症状：大葱黑变病主要危害叶片，叶片上的病斑梭形，淡黑色，大小仅2～6毫米×1～3毫米，发病严重时常密集成片，其上散生无数小黑点。

②发病规律：大葱黑变病是由图拉球腔菌侵染引起的，以子囊壳在病残体上越冬。

③防治措施：大葱黑变病的防治措施同紫斑病。

24. 如何诊断和防治大葱黑霉病?

①危害症状：大葱黑霉病主要危害叶片，叶

片上的病斑梭形，中央灰褐色，边缘红褐色，其上散生无数小黑点。发病严重时，病斑汇聚使叶片局部枯死。

②发病规律：黑霉病是由葱球腔菌侵染引起的，以子囊壳在被害部位越冬。

③防治措施：黑霉病的防治措施同紫斑病。

25. 如何诊断和防治大葱白腐病?

①危害症状：受害植株叶尖变黄，植株矮化枯死，假茎基部组织变软，继而呈干腐状，微微凹陷，灰黑色，并沿茎基部向上扩展蔓延，地下部变黑腐败。在叶鞘表面或组织内生有稠密的白色绒状霉，逐渐变成灰黑色，并迅速形成大量菌核。菌核圆形、较小，大小为0.5～1.0毫米，常彼此重叠成菌核块，有时厚度可达5毫米左右。

②发病规律：白腐病有葱核盘菌侵染引起，以菌丝体或菌核随寄主植物在田间越冬，菌核也可在土壤中越冬。

③防治措施：一是加强田间管理，实行轮作，保持田园土壤清洁，选用无病葱种或葱苗，控制病菌传播。二是药物防治，发病初期及时用

药防治。常用70%甲基托布津1 000～1 500倍液，或25%多菌灵250倍液，或40%菌核净1 000～1 500倍液喷洒，或每公顷用70%氯硝基苯粉1 950克，与195千克细土混匀撒于大葱根部。

26. 如何诊断和防治大葱菌核病?

①危害症状：在中温高湿气候条件下发病严重，也能危害其他韭菜葱蒜类蔬菜。受害植株叶片及花梗先端变色，逐渐蔓延殃及下部，致使植株部分或全株下垂枯死。从土壤中拔起，地下部变黑腐败，后期病部灰白色，内部长有白色绒状霉，并混有许多黑色菌核。菌核多分布在近地表处，呈不规则形，有时数个合并在一起，大小为1.5～3毫米×1～2毫米。

②发病规律：病原菌为大蒜菌核盘菌，以菌核随病残体在土壤中越冬，第2年子囊孢子借助风雨传播。在温度20℃左右，土壤湿度较大的地块发病严重。

③防治措施：一是加强田间管理，实行轮作，清洁田园，合理施肥浇水。二是在发病初期，及时用药防治。常用药剂有50%多菌灵可

湿性粉剂 500 倍液或 40%菌核净可湿性粉剂 1 000～1 500 倍液等向葱叶基部喷雾或灌根，每 7～10 天喷 1 次，连续喷施 2～3 次。也可每公顷用 50%氯硝铵粉剂 30～39 千克喷撒。各种药物交替使用效果会更好。

27. 如何诊断和防治大葱软腐病?

①危害症状：大葱在鳞茎膨大期和储藏期均可发生软腐病。生长期发病时第 1 片叶、第 2 片叶下部发生灰白色半透明病斑，叶鞘基部软化，外叶倒伏。病斑向下扩展，鳞茎颈部呈水渍状凹陷，不久鳞茎内部腐烂，汁液外溢，恶臭难闻。储藏期多在颈部发病，鳞茎水浸状崩溃，白色汁液外溢，并散发出难闻的气味。

②发病规律：病原菌为细菌，病菌在鳞茎上越冬，也可在土壤中腐生，通过肥料、雨水、灌溉水蔓延传播。从伤口侵入植株，也可通过葱蓟马、种蝇传播。在连作地或低洼地栽培大葱，管理粗放，植株生长不良，收获时遇雨等情况下极易发病。

③防治措施：一是采取有效的农业管理措施，实行轮作，培育壮苗，适时早定植，轻浇

水，勤中耕，避免偏施氮肥。及时防治葱蓟马、地蛆等害虫，防止害虫传播病菌。收获前7～8天停止浇水，收获后充分晾晒，储藏时注意通风，可减轻病害。二是药物防治，发病初期，可用72％农用链霉素可溶性粉剂4 000倍液，或新植霉素4 000～5 000倍液，或抗菌剂401的500～600倍液，或77％可杀得微粒可湿性粉剂500倍液，或50％琥胶肥酸铜可湿性粉剂500倍液，或56％靠山水分散微颗粒剂800倍液等药剂喷雾，间隔7～10天喷1次连喷2～3次。上述各种药剂最好交替使用。

28. 如何诊断和防治大葱病毒病（萎缩病）?

①危害症状与发病规律：大葱患病毒病后植株萎缩，生长停滞，叶片呈现浓绿与淡绿相间隔的花叶，皱缩呈波状，并有条状病斑。也有植株黄化，呈丛生状态的。大葱病毒在寄主体内越冬。

②防治措施：以农业防治措施为主，选用抗病品种，早期发现病株及时拔除，集中深埋或烧毁。加强肥水管理，采取有效措施及时防治蚜虫，杜绝病害传染源。

29. 如何诊断和防治大葱黄萎病?

①危害症状：大葱黄萎病除侵染大葱外，还侵染其他韭菜葱蒜类蔬菜。染病叶片的生长受到抑制，叶片产生黄绿色斑驳，或呈长条形黄斑，叶面皱缩，凹凸不平，叶管变形，叶尖逐渐黄化、下垂，新生叶片生长缓慢，植株矮小、丛生或萎缩，严重时整株死亡。病害多发生在苗期，发病的幼苗生长缓慢或停滞，不能形成葱白，产量和质量显著降低。

②发病规律：病原菌为矮化病毒。在病株内越冬，由蚜虫以非持久性方式或枝叶摩擦接种病毒。在高温干旱、管理粗放、蚜虫量大、与韭菜葱蒜类邻作、地势低洼、氮肥施用过多等情况下发病严重。

③防治措施：一是采取有效的农业管理措施，与韭菜葱蒜类蔬菜实行 3 年以上轮作。选择健康、无病毒秧苗和抗病品种。加强肥水管理，增强植株抗病能力。及时发现与清除病株，及时防治虫害，减少传播途径。二是药物防治，发病初期应及时喷洒 20%病毒 A 可湿性粉剂 500 倍液或 83 增抗剂 1 000 倍液或 1.5%植病灵乳剂

1 000倍液，间隔7～10天，连喷2～3次。

30. 如何诊断和防治大葱炭疽病?

①危害症状：大葱炭疽病多发生在叶片和花梗上。叶片最初受害时，产生近梭形或呈不规则、无边缘淡灰褐色至褐色的病斑，而后随着病情加重，在病斑上散生无数小黑点，即病菌的分生孢子盘。病情继续加重，上部叶片相继枯死。

②发病规律：炭疽病由葱刺盘孢菌侵染引起，以菌丝体或孢子在病残体上越冬。

③防治措施：一是农业防治措施。选择抗病品种，并在无病地块或无病植株上留种，防止种子带菌；与非葱蒜类蔬菜实行2年以上轮作；选择排灌方便、地势高燥地块栽植，合理密植，加强肥水与葱苗管理，及时清理田园和拔除病株，杜绝病菌扩散蔓延。二是药物防治。播种前葱种要彻底消毒；发病初期及时用75%百菌清可湿性粉剂600倍液，或80%炭疽福美可湿性粉剂800倍液，或70%代森锰锌可湿性粉剂500倍液，或64%杀毒矾可湿性粉剂500倍液，或50%甲基托布津可湿性粉剂500倍液喷雾。上述

药剂任选一种，可交替使用，间隔 7～10 天喷 1 次，连喷 1～2 次。

31. 大葱主要虫害有几种？

大葱主要虫害有葱蚜、葱蛆、葱蓟马、葱潜叶蝇、红蜘蛛、蜗牛、斜纹夜蛾等。

32. 如何识别和防治葱蚜？

①危害症状：葱蚜又称韭蚜，除了危害大葱外，也危害其他韭菜葱蒜类蔬菜。成虫分有翅蚜和无翅蚜两种。无翅蚜体长 1.7 毫米，暗紫色或灰绿色；有翅蚜体更小。成虫和若虫在大葱和韭菜叶片上吸取汁液，轻者叶片变黑，影响产量和品质；重者可使叶片干枯致死。被害植株还极易感染霜霉病。春、秋两季均可发生，以春季危害严重。

②防治措施：一是加强田间管理，及时清除田间杂草和病株病叶；经常利用“黄板诱蚜”，集中杀灭，或用银灰色薄膜避蚜，杜绝葱蚜迁飞入大葱田。二是药物防治，可用 40%乐果乳剂 1 000～2 000 倍液，或 25%喹硫磷 1 000 倍液，或 2.5%功夫菊酯 5 000 倍液喷洒。

33. 如何识别和防治葱蓟马？

①危害症状：葱蓟马属于缨翅目蓟马科，成虫和若虫均以锉吸式口器为害大葱的心叶、嫩芽。被害叶片形成许多细密而长形的灰白色斑纹，使葱叶失去膨压而下垂，严重时扭曲、变黄枯萎。葱蓟马还可传播病毒。

葱蓟马以成虫、若虫在未收获的寄主叶鞘内、杂草、残株间或附近的土壤里越冬。第二年春天成虫、若虫开始活动为害。成虫活跃善飞，可借风力传播。

②防治措施：一是采取农业防治措施，早春清除田间杂草和残株落叶，集中销毁，降低越冬虫口密度。大葱生长期间，及时浇水、除草，减轻虫害。二是药物防治，可用0.3%苦参碱水剂1 000倍液，或80%敌敌畏乳油1 500倍液，或50%辛硫磷乳油1 500倍液，或20%复方浏阳霉素1 000倍液喷洒，间隔7～10天，连喷2～3次。

34. 如何识别和防治葱潜叶蝇？

①危害症状：葱潜叶蝇主要以幼虫潜叶为害。幼虫在叶内潜食叶肉，在叶面上可见迂回曲

折的蛇形隧道，被害部位只剩下两层表皮。严重时叶片枯萎，甚至造成大葱整株死亡。葱潜叶蝇大发生季节可造成毁灭性的危害。成虫产卵时将叶片刺伤，使叶面产生许多白色斑点。

②防治措施：一是采取农业防治措施，种植前和收获后要及时清除田间病残叶、落叶，深翻或冬灌，杀死部分越冬蛹，减少越冬虫源。二是药物防治，关键是在潜叶蝇产卵前消灭成虫。可在成虫盛发期或幼虫为害初期及时喷药防治。可用48%乐斯本乳油1 000倍液，或1.8%爱福丁乳油1 000倍液，或10%烟碱乳油1 000倍液，或2.5%溴氰菊酯乳油2 500～3 000倍液，或25%喹硫磷乳油1 000倍液，或90%晶体敌百虫800～1 000倍液或50%敌敌畏乳油1 000倍液喷雾。上述药剂可任选一种，交替使用效果会更好。

35. 如何识别和防治葱蛆？

①危害症状：葱蛆又叫葱地种蝇，主要以幼虫蛀入鳞茎内，受害植株的茎盘和叶鞘基部被蛀食成孔洞和斑痕，引起腐烂发臭。受害叶片常常枯黄、萎蔫，甚至大片枯死。

②防治措施：一是严格把好施肥关，施入田间的各种有机肥必须充分腐熟，尽量不要使有机物料暴露于地面，以减少害虫聚集。有条件时可施用河泥、炕土、老房土等做底肥或追肥，有效减少害虫产卵。二是合理轮作，秋季深翻土地晒垡与冻垡，消灭部分越冬卵；春季及时深翻整地晒垡，可减少成虫产卵量。三是严格选种和选苗，淘汰带虫的种子和秧苗，以减轻虫害。四是药物防治，除在田间用糖醋诱杀成虫外，在成虫盛发期及时用21%增效氰·马乳油（灭杀毙）3 000～4 000倍液，或2.5%溴氰菊酯乳油（敌杀死）3 000倍液，或10%二氯苯醚菊酯乳油2 500～3 000倍液，或40%辛硫磷乳油1 000倍液喷雾。也可用90%晶体敌百虫1 000倍液或48%乐斯本基参碱乳油1 000～2 000倍液灌根。注意用上述药剂灌根时，在受害植株旁开沟，把喷雾器的喷头选水片拧去，然后顺沟喷灌，灌后覆土埋沟即可。

36. 如何识别和防治斜纹夜蛾？

①危害症状与发生规律：斜纹夜蛾是一种杂食性的暴食害虫，又叫夜盗蛾。主要危害带虫的

叶片。夜盗蛾1年发生5～6代，8～9月间危害最严重。以幼虫和蛹在土壤中越冬。成虫于夜间活动，对黑光和糖醋味有趋性。卵产于叶背，在夏季卵期只需2～3日，共6龄，幼虫期15～20天。2龄前幼虫集中在叶片背面啃食叶肉，只残留叶面表皮；2龄后分散危害，食量大增，有成群迁移和假死的习性。6龄老熟幼虫入土做土室化蛹。

②防治措施：一是一旦发现卵块及时摘除；可用黑光灯和糖醋诱杀成虫。二是药剂防治掌握在2龄前喷药，可用90％敌百虫1 000倍液，或25％杀虫双500倍液，或2.5％溴氰菊酯，或20％杀灭菊酯6 000～8 000倍液，或40％乙酰甲胺磷1 000倍液喷洒。

37. 如何识别和防治红蜘蛛?

①危害症状与发生规律：红蜘蛛的成虫和幼虫危害大葱，被害后使植株枯死。红蜘蛛除危害大葱外，还危害洋葱、葱蒜类蔬菜，以及其他根茎类蔬菜。红蜘蛛在寄生部位或土壤中越冬，每年4月份开始活动，至秋季可一共发生10个世代以上。夏季10天左右1个世代。其繁殖力很

强，1头雌虫可产卵600粒左右。一般1个世代只经过卵、幼虫、若虫3个阶段，以成虫越冬。发生的适温为20～25℃，初夏和初秋发生最盛，盛夏时发生较少，连作地发生严重。

②防治措施：一是采取有效的农业措施，避免与葱蒜类、根茎类蔬菜连作或邻作。及时清洁田园。二是药物防治，常用药剂除乐果、马拉松外，还可用25％喹硫磷1 000～1 500倍液，或15％哒嗪酮1 000～2 000倍液，或20％速螨酮600倍液，或73％克螨特1 000～2 000倍液，或5％尼索朗2 000倍液喷洒。

38. 如何识别和防治蜗牛？

①危害症状与发生规律：蜗牛除危害大葱外，还危害葱蒜类、叶菜类等蔬菜，如大白菜、甘蓝、蕹菜等。蜗牛体外有螺壳，扁圆球形，质硬，黄褐色。头部发达，有两对触角，体软，黄白色，表面有黏液，有光泽。

1年发生1代，成虫喜在池塘、水沟旁边的土壤孔隙处越冬。3～4月间，气温在10℃以上时开始活动。4月下旬至6月下旬产卵，1头可产卵100粒左右，把卵产在根部落叶底下潮湿的地方，卵期15～20天。4～10月间均有危害，以春季雨水多、潮湿时产卵量大，繁殖快；秋季阴雨连绵时危害严重，尤其是在潮湿的酸性土壤栽培大葱会受害更重。

②防治措施：一是采取农业管理措施，若在低洼潮湿的酸性土壤中栽培大葱，要增施石灰以调节土壤酸碱度。经常清洁菜园，及时切除虫源。二是药物防治，必要时可用2.5%蜗牛敌制成毒饵诱杀或8%灭蜗灵颗粒剂或10%多聚乙醛颗粒剂诱杀。

（二）韭葱高产栽培技术

39. 韭葱高效施肥技术有哪些?

韭葱以食用嫩苗、假茎或花薹为主。适应性强，病害少，产量高，是冬春季蔬菜。韭葱以其叶扁似韭或蒜，而假茎形似大葱或鸡腿葱，口感更像大葱味而得名。

（1）培育壮苗。韭葱可在春、夏、秋三季播种育苗，一般多在春、秋播种。育苗面积与栽培面积比例为1∶10。宜选择土层深厚、肥沃、排灌方便，3年内未种过葱蒜类蔬菜的田块种植。育苗田应与生产大田隔离。施优质农家肥

75 000～150 000 千克/公顷，深翻 25～30 厘米，耙碎整平，做成平畦。种子经消毒后播种。60 天后选择壮苗移栽。

（2）重施基肥。定植前精细整地，重施基肥，一般施腐熟的圈肥 45 000 千克/公顷、草木灰 1 500 千克/公顷、饼肥 750 千克/公顷。施肥耕翻整平做畦，适时定植。

（3）轻施追肥。为使植株加快生长，提高产量和改善品质，除夏季少施粪肥外，春、秋季节必须保证韭葱不缺肥。一般随水追肥 2～3 次，每次追施粪肥 15 000 千克/公顷左右，并注意中耕除草。

定植后以单株为主的韭葱，当葱长成可及时收获上市，也可灌足封冻水后，防止干旱，露地越冬，也可覆盖粪肥保护或挖出贮存，翌年再栽。

40. 大葱采种高效施肥技术有哪些？

优良品种是大葱高产优质的基础，大葱为两性花，易杂交退化。所以，生产上要不断地提纯复壮，注意选用新的优良品种。

（1）成株繁种法高效施肥技术。在大葱收获时，按品种特征在田间进行单株选择，挑选葱白长、生长充实、叶片着生紧密、管状叶直立向上、叶数5片以上，无分蘖、无病虫的植株作为种株。植株稍加晾晒，切去上半部留葱白长20厘米左右，然后开沟栽植，沟内施有机肥30 000千克/公顷，三元复合肥750千克/公顷作育种肥，肥土应混合均匀。栽后覆盖马粪或盖土越冬。栽后7～8天种株扎根后再浇水。春季注意中耕增温、除草、保墒。开始抽薹时，结合浇水追施人粪尿及磷肥，促进根叶生长。追施人粪尿15 000千克/公顷、过磷酸钙150千克/公顷或只追施三元复合肥225～300千克/公顷。追肥不宜太多，以免花薹徒长倒伏。

（2）半成株繁种法高效施肥技术。由于成株繁种占用土地时间长，成本较高，近年来采用半成株繁种法，其配方施肥技术如下：

①培育壮苗：选择肥力条件较好且3年内未种过葱蒜类作物的地块育苗。播前要精细整地，施足底肥。一般施腐熟有机肥75 000千克/公顷、磷肥750千克/公顷、硫酸钾肥225千克/公顷。均匀撒施后浅耕细耙，整平做畦。7月上中

旬播种时，先浇足底水，撒播覆土。在3叶期和旺盛生长期各施氮肥一次，结合浇水追施尿素150～225千克/公顷。

②重施基肥：一般是在9月，选择在1 000米距离内无其他大葱品种繁种的地块，开沟施足基肥，施腐熟有机肥30 000～45 000千克/公顷，氮、磷、钾复合肥750千克/公顷，肥土混匀后定植。

③适时追肥：缓苗后及时中耕，促使植株健壮生长。土壤封冻前要浇透防冻水和适时培土防冻。春天土壤解冻后，要及时中耕封土，使葱沟变为葱埂，增强植株抗倒伏能力。开花至种子成熟期，应结合浇水适时追肥，每次追施三元复合肥150千克/公顷左右，提高种子产量和质量。

41. 如何防治韭葱病虫害？

相对于其他韭菜葱蒜类蔬菜而言，韭葱的病虫害少，生产上不防治。近几年韭葱霜霉病、灰霉病和根蛆危害加重，已经引起葱农的重视。

目前韭葱的主要病害有霜霉病、灰霉病、腐败病等；主要虫害有红蜘蛛、葱蓟马和根蛆等。

(1)霜霉病。

①危害症状：由鳞茎带菌引起系统侵染时，病株矮化，叶片扭曲畸形，叶色失绿呈苍白绿色。潮湿时，叶片与茎的表面遍生白色绒霉。干燥时，叶片上散生白色斑点。生长期间染病时，叶片和花梗病斑椭圆形或长椭圆形，边缘不明显，淡黄绿至黄白色，长白霉、紫霉，后期干枯。一般叶片中间或下部受害，叶片下垂而后干枯，植株可连续长出新叶。假茎早期染病时上部生长不均衡，致使病株扭曲，后期假茎被害处常破裂。

②防治措施：一是选择抗病品种，采种时，在无病区或无病植株上留种，防止种子带菌，带菌种子可用 50℃温汤浸种 25 分钟。二是应与非葱蒜类作物实行 2～3 年的轮作，加强田间管理。及时清洁园地，合理施肥浇水，减少菌源。三是药物防治。发病初期及时用药，可用 40%乙膦铝可湿性粉剂 250 边缘，或 25%瑞毒霉可湿性粉剂 800 边缘，或 75%百菌清可湿性粉剂 600 倍液，或 64%杀毒矾 M8 可湿性粉剂 500 倍液，或 50%敌菌灵可湿性粉剂 500 倍液喷雾，间隔

7～10 天 1 次，连喷 3～4 次。

（2）锈病。

①危害症状与发病规律：主要为害叶片和花梗。发病初期，在表皮上散生椭圆形至纺锤形的稍隆起褐色小疱疮。以后表皮纵裂，散生出橙黄色粉末。后期在橙黄色病斑上形成褐色的斑点，若破裂，会散出暗褐色的粉末。染病严重时，病叶呈黄白色，继而枯死。

②防治措施：一是加强田间管理。及时摘除病叶、花梗，彻底清除病株残体，减少田间病源。避免重茬。二是药物防治。发病初期，可用 70% 代森锰锌可湿性粉剂 1 000 倍液，或敌锈钠 200 倍液喷洒，每 10 天左右 1 次，连喷 2～3 次。

（3）灰霉病。

①危害症状与发病规律：韭葱灰霉病与大葱、韭菜灰霉病症状很相似。发病初期，叶片出现白斑，叶尖干枯；发病严重时，可见到灰黑色霉，并从叶尖开始腐烂。

②防治措施：一是加大通风降湿，降低灰霉病发生概率。二是发病初期可用灰霉净烟剂熏蒸，每公顷用 3 750 克，间隔 7～10 天熏烟 1

次，可起到防治作用。发病严重时，可用50%多菌灵和50%速克灵喷雾防治。

（4）根蛆。

①危害症状与发病规律：根蛆又名葱蝇。幼虫为害时蛀入葱、蒜等的鳞茎或幼苗，使鳞茎被蛀成很多孔洞，引起腐烂。上部叶片枯黄、萎蔫，造成缺苗断垄，甚至连片死苗。

②防治措施：一是加强栽培管理。必须合理施肥，不施生粪，杜绝葱蝇产卵。在地蛆发生的地块，勤灌水，抑制地蛆活动为害幼苗。二是药物防治。苗期可喷洒50%敌敌畏2 000倍液或2.5%溴氰菊酯乳油3 000倍液。亦可用80%敌百虫可溶性粉剂500～1 000倍液，或40%乐果乳油1 500～2 000倍液，或50%马拉硫磷乳油2 000倍液，进行地面喷雾或灌根，可消灭幼虫。

（三）洋葱高产栽培技术

42. 洋葱有什么利用价值？

洋葱又叫圆葱、葱头、球葱、荷兰葱等，属百合科葱属二年生草本植物。起源于中亚，我国新疆也可能是发源地之一，已有5 000多年历史。洋葱在我国栽培已有近100年的历史，其产量高，适应性强，很耐贮运，国内栽培很普遍。目前，我国已成为洋葱生产量最大的4个国家（中国、印度、美国、日本）之一。洋葱是一种集营养、医疗、保健于一身的特色蔬菜，以肉质鳞片和鳞芽构成鳞茎供食，其富含多种营养成分，如蛋白质、糖类、维生素以及磷、硫、铁等。洋葱具有特殊的辛辣香气，可炒食、也可用于调味，还可加工成脱水菜。此外，洋葱还是很好的医疗保健食品，可增进食欲，开胃消食，对高血压、血栓病、糖尿病有较好的辅助治疗作用。

43. 洋葱对环境条件有哪些要求？

①对温度要求：洋葱对温度的适应性较强，有效生长温度为7～25℃，生长适温为13～22℃。不同生育期对温度的要求不同，种子在3～5℃，可缓慢发芽，适温为20～25℃；幼苗的生长适温为12～20℃，健壮的幼苗可耐－6～7℃的低温；旺盛生长期最适宜的生长温度为17～22℃，温度降低，生长速度减慢；温度过高则导致根系、叶片发育不良。鳞茎膨大需要较高温度，一般最适宜的温度为21～27℃；温度偏低，鳞茎膨大缓慢且成熟期延迟；温度过高，如

超过 26℃，鳞茎膨大也会受阻，植株生长势衰弱，提前进入休眠状态；但收获后的洋葱鳞茎有一定的抗寒和耐热能力，在冬季和夏季均可较好地贮藏；洋葱抽薹开花期的适温为 15～20℃；洋葱根系生长要求温度较低，地温 4～6℃时，根系生长速度超过叶片；地温 10℃时，叶片生长速度超过根系。洋葱是以“绿体”通过春化阶段的蔬菜，即只有当植株个头长到一定大小后，才能对低温产生感应而通过春化阶段，花芽才开始分化。对于一般品种而言，在幼苗茎粗大于 0.6 厘米或鳞茎直径大于 2.5 厘米时，在 2～5℃条件下，经过 60～70 天，可以通过春化阶段。虽然温度低于 10℃就可起到春化作用，但以 2～5℃效果最好。品种之间通过春化所需的时间差异较大，北方品种所需时间长，而南方品种所需时间短。洋葱对低温的反应受营养状况的影响很大，在相同低温条件下，营养差的幼苗更易通过春化，发生花芽分化，抽薹开花；营养状况好的幼苗发生分蘖现象，而不发生花芽分化。对于同一品种而言，受低温影响后，大苗更易抽薹。同一品种的不同个体之间，抽薹的难易程度仍有差异。

②对光照的要求：洋葱对光照较为敏感。较长的日照是洋葱鳞茎形成和成熟的主要条件，延长日照的时间可以促进鳞茎的形成和成熟。鳞茎形成对日照时数的要求因品种而异，在15小时以上日照条件下，形成鳞茎的品种为长日照型品种，我国北方品种多为长日照型；在13小时以下日照下，形成鳞茎的品种为短日照型品种，南方品种多为短日照型品种。在引种时要考虑品种特性是否符合本地的日照条件。洋葱要求中等光照强度，特别是鳞茎形成期。洋葱对光照强度的要求高于一般的叶菜类和根菜类、而低于果菜类蔬菜。

③洋葱对水分的要求：洋葱根系在土壤中分布较浅，吸水能力弱，需要较高的土壤湿度。发芽期、幼苗生长旺盛期和鳞茎膨大期，需要供给充足的水分。但幼苗越冬前，应控制水分，防止幼苗因徒长而遭受冻害；鳞茎临近成熟前1～2周应控制浇水，以利于鳞茎组织充实，提高品质和耐储性。洋葱叶片耐旱，要求较低的空气相对湿度，一般60%～70%比较适宜。若空气湿度

过高易引发各种病害。

④洋葱对土壤营养的要求：洋葱要求肥沃、疏松、保肥保水力强的沙壤土，适宜的土壤 pH 为 6～8，幼苗期反应较敏感。洋葱喜肥，对土壤营养要求较高，但绝对需要量适中，每公顷氮、磷、钾的标准施用量分别为：氮（N）187.5～214.5 千克、磷（P_2O_5）150～169.5 千克、钾（K_2O）187.5～225 千克。不同生育期施肥量与养分比例也有所不同，幼苗期以氮肥为主，鳞茎膨大期要增施磷钾肥，钾肥的施用应从幼苗期开始，以促进氮肥的吸收，同时可促进鳞茎的膨大，并提高其品质。

44. 目前我国栽培的洋葱主要类型和优良主栽品种有哪些?

①主要品种类型：洋葱按植物形态可以分为普通洋葱、分蘖洋葱和顶生洋葱 3 种类型。我国栽培的洋葱多为普通洋葱。按鳞茎皮色又可将普通洋葱分为红皮洋葱、黄皮洋葱和白皮洋葱 3 种。按鳞茎形状可分为扁平形、长椭圆形、长球形、球形和扁圆形等 5 种。

②普通洋葱优良主栽品种：黄皮品种有福建

黄皮洋葱、千金、大水桃、黄玉葱头、荸荠扁头葱等；红皮品种有高桩红皮、北京紫皮、西安红皮、红水桃、甘肃紫皮、南京红皮、江西红皮、福建紫皮、广州红皮等；白皮品种有新疆白皮、江苏白皮、柔选美白、白石、白球等。

45. 洋葱有哪些需肥特性？

洋葱又叫圆葱、葱头、球葱等。属百合科葱属二年生草本植物。以肉质鳞片和鳞芽构成鳞茎供食。20 世纪传入我国，其产量高，适应性强，很耐贮运，国内栽培很普遍。

洋葱根为白色弦线状、浅根性须根系。根系较弱，根毛少，主根系密集分布在表土层，入土深度和横展直径为 30～40 厘米，吸收能力和抗旱能力较弱。要求肥沃疏松富含有机质（大于 1.5%）、通气良好的中性偏酸土壤。洋葱对土壤的酸碱度比较敏感，适宜于 pH 6.0～6.5 的土壤。在盐碱地栽种易引起黄叶和死苗。在砂质壤土上易获得高产，但在黏壤土上的产品鳞茎充实，色泽好，耐贮藏。

洋葱根系吸肥力较弱，产量又高，因此，需要充足的营养条件。幼苗期以氮素为主，鳞茎膨大期增施磷钾肥，能促进鳞茎膨大和提高品质。在一般土壤条件下施用氮肥可显著提高产量。每生产1 000千克葱头需从土壤中吸收N 2.0千克、P_2O_5 0.8千克、K_2O 2.2千克。研究证明，施用铜、硼、硫等肥料增产效果较好。

46. 洋葱有哪些营养失调的病害？

洋葱幼苗期很长而且生长很缓慢，需要养分很少，若氮肥过多，易造成植株徒长和体内干物质下降，使植株越冬能力减弱。同时也因植株过大而感受低温，通过春化阶段，第二年易出现早期抽薹现象。鳞茎增大期氮肥过多，叶片“贪青”生长，就不发生或延迟发生倒伏现象，影响鳞茎的膨大。在砂性较强或酸度偏高的土壤种植洋葱，易出现缺钙和硼病症，注意钙肥和硼肥的施用。

47. 露地栽培洋葱高效施肥技术有哪些？

生产上栽培洋葱有严格地季节性。我国洋葱的主产地，特别是出口产品基地，集中在中纬度地区，这些地区多数采用秋播露地越冬栽培方式，也可在早春保护地育苗，春季定植，夏季收获。

①轻施壮苗肥：洋葱种子的应用期为一年，播前应进行发芽试验，发芽率应大于80%以上。

育苗畦应选择土质肥沃、疏松、保水性强，2～3年内未种过葱蒜类蔬菜和棉花的地块。施腐熟的有机肥45 000千克/公顷，浅耕细耙做成平畦。育苗田应与生产大田隔离。

选择适合当地种植的抗性强的优良品种，如天津荸荠扁洋葱、南京黄皮、北京黄皮、北京紫皮、上海红皮、淄博红皮、美国黄皮、富士中生等。种子用清水浸泡5分钟，再放入50℃热水中浸泡20分钟，期间要不停搅拌，捞出晾干直接播种。幼苗出土后要保持土壤湿润，每10天左右浇1次水。苗高10厘米左右时进行间苗，并追一次复合肥120～150千克/公顷。追肥后浇水两次。

②重施基肥：冬前定植洋葱的适宜时间因气候条件不同而异。当日平均气温降到10℃左右时，幼苗地上部生长缓慢，根系在土壤中仍正常活动，这时定植，幼苗在土壤封冻前长出新根，缓好苗，有利于安全越冬，而对幼苗栽前生长影响也最小。

洋葱根系吸水吸肥能力较弱，产量高，需肥量大，故需施足底肥。洋葱忌连作，以施肥较多的瓜果类蔬菜前茬较佳。定植前施腐熟有机肥45 000～60 000千克/公顷，混入复合肥450千克/公顷，深翻做成平畦。

洋葱幼苗移栽成活率较高。为提早缓苗，减少伤根，起出幼苗后，剔除无根、无生长点、过矮、纤细的小苗和叶片过大的徒长苗、分蘖苗、病虫危害苗。按大小分为两级，小鳞茎直径在0.4～0.6厘米，叶片3片的为二级苗，过大的苗易先期抽薹，过小的苗易受冻害，均舍去不用。定植时按级分别栽植，以使田间生长整齐一致，便于管理。

分级后用一定浓度的低毒农药溶液浸泡假茎，以杀死潜入叶鞘内的根蛆，并立即定植。移植深度以幼苗假茎基部埋入土中3厘米左右为宜，栽后立即浇水。栽种密度以37.5万～45万株/公顷为最适宜。

③巧施追肥：冬前定植的洋葱，缓苗后即进入越冬期，为使露地定植的洋葱幼苗安全越冬，在土壤即将封冻前，适时浇越冬水后，撒盖一层

马粪或干草，以保温保墒。翌年返青前清除畦内碎草，及时中耕，提高地温，促进根系生长。

叶片生长期是建立强大的叶片同化器官和发达的根系吸收器官的重要时期。此期保证充足的肥水供应是至关重要的，应及时追肥 2 次。第一次在叶片旺盛生长开始时，施三元复合肥 225 千克/公顷；第二次在叶片生长将要结束的时候，施复合肥 225～300 千克/公顷，或腐熟粪尿肥 45 000 千克/公顷，结合追肥及时浇水。

进入鳞茎迅速膨大期开始施用催头肥，连施 2～3 次，每次施复合肥 450 千克/公顷，或沤制好的饼肥液 15 000 千克/公顷，并结合追肥每隔 4～5 天浇 1 次水，促进鳞茎迅速膨大。

48. 洋葱采种高效施肥技术有哪些？

洋葱采种生产周期长，种子寿命短，因此，种子的质量直接影响种植面积、产量和质量。洋葱大量采种时，宜选择土质比较肥沃、保水保肥能力强的黏质壤土为宜。采种田不能比邻大葱生产田。

常规的采种，留种用的母球可在生产田中选拔优株，也可在专用“品种田”中优中选优。选择采种用母球应符合良种标准。

①施足基肥：采种田在定植前，先行耕翻，施入腐熟有机肥 30 000～45 000 千克/公顷、过磷酸钙 450 千克/公顷，或氮磷钾三元复合肥 225～300 千克/公顷，在定植沟内撒肥后，土肥混匀，不使肥料与母球直接接触。栽后浇一次定植水，出苗后再浇一次缓苗水，入冬时浇足封冻水。

②适时追肥：种株越冬后到翌年早春开始萌动生长时，浇一次返青水。返青后在抽薹前可结合浇水追施腐熟的粪稀 45 000 千克/公顷。此后，适当控水控肥，以免徒长。

③巧施催花肥：开花初期，可结合浇水追施腐熟粪稀 45 000 千克/公顷，或氮、磷、钾三元复合肥 300 千克/公顷。在开花期过后结合防治病虫害，可在稀释的药液中混合喷施 0.3%～0.4%的磷酸二氢钾，以确保洋葱灌浆期对磷、钾的需求。

49. 洋葱有哪些主要病虫害?

①洋葱主要侵染性病害：有洋葱霜霉病、紫斑病、萎缩病、软腐病、黑粉病、瘟病、茎线虫

病、颈腐病、洋葱炭疽病、洋葱灰霉病等。

②洋葱主要虫害：有葱地种蝇、金龟子（蛴螬）、蝼蛄、葱蓟马等。

50. 如何诊断和防治洋葱霜霉病?

①危害症状：主要危害洋葱的叶片，其次是花薹。病害先由洋葱的外叶从下到上发展，最初叶片上产生稍凹陷的长圆形或带状病斑。病斑中央深黄色，边缘为不明显的淡黄色。空气潮湿时病斑处长出白色霉状的孢子囊和分生孢子。高温下发病植株长势衰弱，叶色黄绿色，病斑淡紫色，叶身从病斑处折曲，最后干枯，严重时全株死亡。

②发病规律：其病原菌为真菌类的藻状菌，主要以卵孢子在土壤中和病株残体上越冬或越夏，也可以菌丝体在鳞茎内越冬或越夏。休眠的菌丝体在适温下随着新叶的生长点生长菌丝，从叶面气孔表面形成分生孢子；休眠的卵孢子在适温下形成分生孢子。分生孢子借助雨水、露水和昆虫传播。

③防治措施：一是保持田间清洁，收获后清除残株病叶，避免与其他韭菜葱蒜类蔬菜连作，

实行轮作换茬。合理施肥浇水与密植，加强田间管理，促使植株生长健壮，增强抗病能力；二是选用抗病品种。红皮洋葱较抗病，黄皮品种较易染病，白皮品种易感病。三是药物防治。菌期和发病初期及时喷药。常用药剂有75%代森锰锌可湿性粉剂500倍液，25%甲霜灵可湿性粉剂500倍液，58%瑞毒锰锌可湿性粉剂800倍液，40%灭菌丹可湿性粉剂400倍液，间隔7～10天喷药1次，连喷3～4次。

51. 如何诊断和防治洋葱紫斑病?

①危害症状：主要危害绿叶和花薹，也可危害贮藏中的鳞茎。发病初期病部周围红色，中间呈淡紫色的小斑点，以后逐渐形成淡紫色到褐紫色椭圆形或纺锤形的病斑，长1～3厘米，后期形成明显的同心轮纹，病斑上产生黑霉状的分生孢子，所以又叫黑斑病。严重时在病斑处折卷枯死，留种植株花梗被害后，使花梗折倒枯死，在洋葱收获时葱头部会发生水渍状的病斑。

②发病规律：病原菌是真菌类的子囊菌，它主要以子囊壳在土壤中或病残体上越冬。翌年在田间病株上产生分生孢子，借助风、雨传播，从

伤口或气孔侵入，潜伏期1～4天。适宜发病的温度为25～27℃，而12～13℃以下不发病。在低洼潮湿田地及霉雨季节最易发生。葱地缺肥，生长不良，虫害多时更易受害。

③防治措施：一是目前还没有特效药剂防治紫斑病。以农业防治为主，如实行轮作，防止连作。清洁园田，发病初期尽早摘除染病部分，收获时收集被害残体，集中烧毁或深埋，及时防治害虫，减少害虫造成的伤口，以切断侵染源。二是药物防治，于发病初期及时喷施甲霜灵锰锌、乙铝代锰锌、代森锰锌等药剂，可强烈抑制孢子萌发，杀死菌落，药效高。扑海因接近上述药剂的效果，另外，克菌丹、硫酸铜、甲霜灵、甲霜铜等也有一定防效。一般可用1∶1∶（160～200）倍的波尔多液（由1.0千克硫酸铜∶1.0千克生石灰∶160～200千克水配制而成），或65％代森锌600倍液或50％代森铵600～800倍液，或50％退菌特500倍液，或75％百菌清600倍液，或58％甲霜灵锰锌可湿性粉剂800倍液，或60％代森锰锌可湿性粉剂600倍液，或70％复方代森锰锌可湿性粉剂600倍液防治效果

良好，还可兼治霜霉病。间隔 7～8 天喷 1 次，共喷 2～3 次。配药时，按药液量加入 0.2%的洗衣粉，可提高药液的附着力，延长药效，增强防治效果。

52. 如何诊断和防治洋葱病毒病（萎缩病）？

①危害症状：洋葱病毒病最早发生在日本，当时称为萎缩病，近年来我国各地发生普遍，发病后一般减产 20%～30%，严重时达 50%以上。

葱洋葱幼苗开始染病，叶片、花梗、鳞茎均可染病。病株新叶上有淡黄色至淡绿色条纹，叶面凸凹不平，叶身细而扁平呈波浪状，蜡质减退，叶片下垂，直至萎缩倒伏，最后死亡。根系发育不良，生长停滞，植株矮化，鳞茎软化腐败，甚至死亡。

②发病规律：洋葱病毒病的病原菌为长约 750 纳米的线状颗粒体，由种子和土壤传染，通过蚜虫或摩擦传播病毒汁液，特别是后者传播率更高。该病还能危害大葱、大蒜、墨西哥葱等葱蒜类蔬菜。一是在冬季温暖、天气干燥、雨水较少的年份发病严重。

③防治措施：实行轮作，留种田进行规范隔

离，防止蚜虫传播，生产无病种子。在无病的土壤里育苗。发现病株及时拔除，杜绝病毒传播。二是病害发生初期喷洒1.5%植病灵1 000倍液或20%病毒A可湿性粉剂500倍液，间隔7～10天喷1次，连续喷施2～3次。

53. 如何识别和防治洋葱地种蝇?

种蝇属于双翅目花蝇科，俗名葱蝇或根蛆。

①危害症状：种蝇以幼虫（蛆）蛀食洋葱幼苗、叶片、假茎和鳞茎内部，危害严重时，使洋葱茎叶枯死、葱头腐烂。种蝇除危害洋葱外，还危害大葱、大蒜等葱蒜类蔬菜。

②发生规律：种蝇的成虫是一种小蝇，体长4～5毫米，头部灰白色，复眼暗黑色，腹部及胸为灰黄色（雌虫）或暗褐色（雄虫），虫体上附生黑色刚毛，有一对翅，翅脉黄褐色。种蝇幼虫为蛆，淡乳黄色；成熟幼虫体长7毫米；蛹为黄褐色，长4～5毫米，以老熟幼虫及蛹在地中越冬；卵产于叶组织内，长椭圆形，乳白色。种蝇以春、夏季发生最多，在华北地区1年发生3～4代，5月上旬为成虫的盛发期。

③防治措施：一是合理轮作，不与葱蒜类蔬

菜重茬及时清理田园。二是合理施肥，种蝇对生粪有一定的趋性，必须施用充分腐熟的粪肥及有机肥。施肥后立即深翻覆土，不使有机物料外露，成虫盛发期不追施粪肥，防止诱集成虫产卵。适时灌水，防止土壤干裂伤根。葱蝇对草炭有忌避作用，可用草炭覆盖在根际周围。三是药物防治，在定植前，用20%二嗪农乳油500～600不与或50%新硫酸乳油1 000～1 500倍液，喷于植株根部或定植沟内，有预防作用。定植后，在成虫发生期可喷洒2.5%氯氰菊酯2 000倍液，或50%的马拉硫磷（马拉松）乳油2 000倍液。

防治幼虫可用50%辛硫磷乳油500倍液或90%的敌百虫800～1 000倍液，或40%乐果乳剂800～1 000倍液或50%硫磷乳油1 000倍液加BT乳剂400倍液混合灌根。

54. 如何识别和防治金龟子（蛴螬）?

①危害症状：危害洋葱的主要是幼虫，即蛴螬，为杂食性害虫，春、夏季在土壤中咬食洋葱根部，造成死苗。

②发生规律：金龟子的成虫为椭圆形的硬盖

子虫，有时也危害葱类的花器。金龟子的幼虫体乳白色，头部黄褐色，背部有许多隆起的邹瘤，常呈弯曲状，躲在土壤中或粪堆中，为杂食性害虫。

③防治措施：一是深耕晒垡或冻垡，夏天晒垡，冬天冻垡，主要是消灭蛴螬与虫卵。二是清洁田园，及时清除田间杂草和残株。三是忌用生粪，基肥必须施用经高温沤制的、充分发酵腐熟的有机肥料。施用氨水对杀伤蛴螬有一定的效果。四是药物防治，可用90％敌百虫1 000倍液灌根。

55. 如何识别和防治蝼蛄?

①危害症状：蝼蛄为杂食性害虫，主要危害洋葱的幼苗或刚定植的洋葱，咬食根部或在根部窜钻而造成死苗。

②发生规律：蝼蛄喜在潮湿而肥沃的土壤中，多在夜间活动。

③防治措施：一是清洁田园，及时清除田间的杂草、植株残体等。二是药物防治，可用毒饵诱杀，如用麦麸、碎豆饼、玉米等炒熟，与90％敌百虫或40％的乐果，充分混合拌匀制成

毒饵，结合中耕除草撒施到田间，防治效果较好。

二、大蒜高产栽培技术

56. 大蒜生产与市场需求发展前景如何？

大蒜别名蒜、胡蒜等，为百合科葱属二年生植物，起源于中亚（包括印度的西北部、阿富汗、塔吉克斯坦和乌兹别克斯坦以及天山西部）。最早在古埃及、古罗马和古希腊等地中海沿岸国家栽培，开始只是用于预防瘟疫和治病，后来逐渐作为食用。早在汉代张骞出使西域，通过"丝绸之路"将大蒜引入我国的陕西关中地区，之后全国各地大面积栽培。大蒜在我国已有2 000多年的栽培历史。

自古以来，大蒜就被当作天然杀菌剂，有"天然抗生素"美称。由于大蒜具有特殊的营养价值和医疗保健作用而受到国内外人们的高度重视。数千年来，中国、埃及、美国和印度等国将大蒜既作为食物也作为传统药物应用。国内外用大蒜为原料制成的调味品、保健食品、医疗制品、化妆品及工业品，随着市场的不断增长而日益丰富，从而促进了大蒜生产的发展。美国大蒜之乡吉尔罗伊每年7月的最后一周举行大蒜节，展出100多种用大蒜制成的精美食品供参加者品尝。英国还在国际互联网上开设了“大蒜信息中心”，提供有关大蒜的最新研究动态。

大蒜素被誉为天然广谱抗生素药物，美国已将大蒜素制剂排在人参、银杏等保健药物中的首位。目前，大蒜是国内外医药保健品、食品加工及农业等领域的研究热点，有着很大的需求前景和研究价值。在食品工业、医药工业、化妆品工业、饲料工业，以及农用杀虫剂、杀菌剂制造业等方面的应用前途愈来愈广阔。

中国是世界上大蒜的主要生产国和主要出口贸易国之一，其产品远销东南亚、日本、中东、美洲、欧洲和俄罗斯等国家及地区，为我国赢得了大量外汇。

57. 我国大蒜种植面积与产量如何?

我国地跨热带、亚热带和北温带，海拔差异很大，生态环境极为复杂，为大蒜种质资源的多样性创造了天然独特的条件。据联合国粮农组织统计，2011 年我国大蒜栽培面积为 83.34 万公顷，约占亚洲大蒜栽培面积的 68.99%，占世界大蒜栽培面积的 58.73%；我国大蒜总产量为 1 922.00万吨，分别占亚洲和世界大蒜总产量的 88.56%、81.02%。不难看出，我国是世界上大蒜栽培面积最大、产量最高的国家。

58. 我国大蒜种植现状如何?

大蒜在我国各地普遍栽培，有许多大蒜名特产区和出口生产基地。目前全国已有近 70 多个规模化大蒜种植产区，多集中在山东、河南、河北及江苏等地。其中位于山东鲁西南黄泛平原的金乡县是全国最大的大蒜生产县，种植面积近 4 万公顷。以金乡为中心，辐射成武、巨野、嘉祥、鱼台、微山等周边地区，形成了我国最大的大蒜产区，种植面积超过 7 万公顷。此外，山东的苍山、莱芜、聊城、商河、广饶、平度等地种植面积也在逐年上升。河南省是我国第二大蒜生产地区，豫东平原杞县种有大蒜 3 万公顷，仅次于金乡县。江苏徐州的丰县、邳州种植面积为 2.5 万公顷。还有河北、陕西、广西、云南、四川、上海、黑龙江等地也已形成规模化种植。

我国大蒜产业发展前景：大蒜是我国优势特产蔬菜，在国际贸易中占有重要地位。目前，我国大蒜出口量占世界葱姜蒜出口贸易量的70%以上。国际市场的价格一般为国内价格的5～10倍，甚至更高。因为国际市场对大蒜产品质量和多样性的需求很高，而我国大蒜品种性状表现欠佳，用途较为单一，出口产品档次低，价格也低，所以在国际贸易市场中缺乏竞争力。由此看来，积极引进符合国际市场需求的大蒜品种资源，选育适合出口的大蒜品种，采用与国际接轨的大蒜安全生产技术，研发具有世界先进水平的大蒜深加工产品，并增加大蒜的产量和产品的多样性，进一步提高精深加工产品的生产技术水平及其竞争力。

59. 大蒜有哪些需肥特性?

大蒜的根为弦线状须根系，没有明显的主、次根之分，须根均着生在茎盘上。按其发生的先后、着生的部位和所起的作用，可分为初生根、次生根和不定根。大蒜根系须根数量多而根毛少，分布很浅，根群主要分布在25厘米以内的土层中，横向分布范围在30厘米以内。大蒜根系的特性决定了其对水肥反应敏感，表现为吸水吸肥能力较弱，生长中喜肥、喜湿、怕旱。在栽培过程中应勤浇水追肥，保证肥水供应。才能保证产量高、品质好。

大蒜需肥多又耐肥，增施有机肥有显著的增产效果。大蒜苗期需肥较小，所需营养多由母瓣供应。因此，在苗期施用缓效的农家肥作基肥即可。在叶片旺盛生长期和鳞茎迅速膨大期，需要的养分较多，特别是鳞茎膨大期对氮素的需要量最多，吸收量占总吸收量的40%，所以生产上应注意后期追施氮肥。大蒜鳞芽分化、抽薹期对磷素营养吸收强度大，吸收量大，在此期生产上应注意追施速效磷肥。返青期和鳞茎膨大期是两个钾素的吸收高峰期，生产上应注意追施钾肥。大蒜从花芽分化结束到蒜薹采收是营养生长和生殖生长并进时期，生长量最大，需肥水量也最多，根据这一特点，施肥时应掌握少量多次的原则加强肥水管理。大蒜需氮最多，需钾次之，磷最少。研究表明，每1 000千克产品需吸收N 4.5～5.0千克、P_2O_5 1.1～1.3千克 、K_2O

4.1～4.7 千克，大蒜对各种元素的吸收比例 N∶P_2O_5∶K_2O∶CaO∶MgO 为 1.0∶0.25～0.35∶0.85～0.95∶0.5～0.75∶0.6。因此，施肥以氮肥为主，增施磷、钾肥效果极佳。同时硫是大蒜品质构成元素，适当施用硫肥有使蒜头增重、蒜薹增长的作用。大蒜增施铜、硼、锌等营养元素肥料，增产和改善品质的作用也很明显。

60. 常见大蒜营养失调的病害有哪些?

幼苗期植株的生长由依靠母瓣营养逐渐过渡到独立生长，此时称“退母”期间，若养分青黄不接而导致叶尖枯黄称“黄尖”。鳞茎和花芽分化期若养分不足，将影响营养物质的积累和鳞茎、花芽分化，易产生独头蒜和不抽薹，产量低。施氮肥过量，易产生“马尾蒜”。

61. 大蒜对温度有哪些要求?

大蒜不耐高温，耐寒性较强，喜冷凉的气候条件，适宜在凉爽季节栽培，适宜生长的温度为 12～26℃。蒜瓣萌发的适宜温度为 12℃以上，在 3～5℃的低温下就可萌发；幼苗期生长的适温为 14～20℃，叶片生长的适温为 12～15℃，幼芽和幼苗可耐－5～－3℃的低温，4 叶 1 心时可耐－10℃左右的低温。蒜瓣形成的适温为15～20℃。鳞茎膨大期最适宜的温度在20℃左右，高于26℃即进入休眠期。

大蒜可耐短期的低温，所以在我国华北地区，秋播的大蒜只要用稻草或其他的物质覆盖，就能安全越冬，在我国南方可以越冬。

62. 大蒜对光照有哪些要求？

大蒜为长日照蔬菜，正常生长发育要求有良好的光照条件。幼苗期对光照时间要求不严格。在12小时以上的日照条件下和15～20℃温度下，茎盘上的顶芽即可转向花芽分化，迅速抽薹。鳞芽分化期以后，要求有13小时以上的日照条件鳞芽才能发育，蒜头才能分瓣，否则易形成独头蒜。短日照和稍低的温度条件，能促进新叶的不断形成，使植株只长蒜苗不结蒜头。因此，欲培育青蒜苗产品时适宜弱光条件，欲培育黄蒜苗时要求无光条件。蒜头贮藏要求冷凉环境，不宜暴晒。地区不同，来源不同的品种对日照时数的要求存在一定的差异。北方的品种对日照时数要求严格，一般要求日照时数在14小时以上，而南方品种对日照时数的要求低一些，在

13小时左右。

63. 大蒜对水分有哪些要求?

大蒜的叶片虽然具有一定的抗旱能力，但根系入土浅，吸收水肥的能力弱，所以，栽培大蒜宜选择湿润、肥沃的土壤，在出苗以前和鳞茎膨大期有充足的肥水供应。

大蒜在不同的生育阶段对水分要求有差异。播种后至出苗前，要求水分充足、保证出苗整齐。幼苗期保持土壤见干见湿，促进根系正常生长发育。幼苗期以后对水分要求逐渐提高，抽薹期和鳞茎膨大期对水分的要求达到高峰，需要及时供给大量的水分，促使养分顺利地运入鳞茎中。当鳞茎充分膨大即将采收之际，要严格控制浇水，以促进蒜头的老熟，提高其品质和耐储性。

64. 大蒜对土壤环境有哪些要求?

由于大蒜根系浅，吸收肥水的能力弱，故大蒜对土壤肥力要求高。适宜种植大蒜的土壤环境应符合无公害产地环境条件的要求。尽管大蒜的适应性较强，但还是以土层深厚疏松、排水良好、有机质丰富（大于1.5%）的微酸性砂质壤土、pH 为 5.5～6.0 最为适宜。大蒜不适宜在土壤肥力差、有机质含量少、碱性大、早春返碱的土壤上栽植。

65. 露地栽培大蒜高效施肥技术有哪些?

(1)品种选择。大蒜的播种期因地而异，可分为秋播和春播。种蒜是大蒜幼苗期的营养来源，其大小好坏对产量的影响很大。"母壮子肥"，通常选用的种瓣越大，长出的植株就越健壮。大瓣种贮藏养分多，在相同的条件下，株高、叶数、鳞芽数、蒜薹和蒜头重量均高于小瓣种。因此，在收获时先在田间选株、选头，播种前再次选瓣，挑选洁白肥大、无病无伤的蒜瓣作为种蒜。同时根据生产地区、大蒜的生态适应性、生产目的和市场需求等条件，选择适合当地生产的商品性好的优良品种，如苍山大蒜、普宁大蒜、山西紫皮蒜、白皮狗牙蒜、徐州白蒜、天津红皮蒜、拉萨白皮蒜等。

(2)重施基肥。大蒜忌连作或与其他葱属类蔬菜重茬。农谚有："辣见辣，苗不发"。秋播大蒜以早熟豆类、瓜类、茄果类等前茬较好。因为这些前茬施肥量多，地力肥沃有利于大蒜的生长。大蒜本身的施肥量大但吸肥量较少，而且大蒜根系分泌杀菌素，可防治后茬各种病害，所以大蒜是各种作物的最好前茬。前茬作物收获后，耕翻晒垡 15 天以上，可为大蒜吸收养分创造良好的生态环境。

春播大蒜的地块，最好在冬前整地、施肥、翻耕、耙平，经过冬季较长时间的冻融交替过程，可以杀死病原菌、害虫及其虫卵，疏松土壤，提高土壤水分和养分的含量与有效性。

播前施足基肥：大蒜基肥施用的原则是以有机肥为主，无机肥为辅；长效肥为主，速效肥为辅；氮、磷、钾或多元素肥配合施用为主，根据土壤缺素情况，个别补充为辅。配合有机肥作基肥施用的化肥，常用品种有尿素、过磷酸钙、氮磷复合肥、氮钾复合肥或氮、磷、钾复合肥等。在产量水平和施肥的基础上，一般要求施用标准氮肥1 125千克/公顷，过磷酸钙 450 千克/公顷。缺磷的新蒜种植区可增施至 675 千克/公顷，老蒜种植区土壤速效磷含量比较高，有机肥料的施用量又较大时，可减少至 225 千克/公顷。氮肥的施用，一般要求 2/3 作基肥，1/3 作追肥，而磷钾肥的绝大部分作基肥施用。

大蒜的基肥施用量应根据其目标产量的需肥量和形成单位产量的吸肥量、土壤的肥力状况等多种因素综合考虑。一般基肥施用量应占大蒜总吸收量的60%左右为宜。质地黏重的土壤应适当多施，质地偏沙的土壤应适当少施。由于大蒜生长期较长，群体密度大，通常要求施优质腐熟有机肥 75 000～120 000 千克/公顷。有条件时，可增施饼肥 750～1 500 千克/公顷或配合施用氮、磷、钾三元复合肥 750 千克/公顷。

撒施是常见的基肥施用方法，必须将肥料均匀撒开，严禁肥料集结成堆，影响根系发育。施肥后深耕细耙做畦待播。

合理的栽培密度是达到优质、高产、高效的关键措施之一。可根据大蒜品种特点、种瓣大小、播种期、土壤肥力状况和栽培方式等因素综合考虑，一般每公顷栽种 52.5 万～60 万株。

（3）巧施追肥。露地大蒜的生长发育过程可分为 6 个时期，其中有 5 个时期是在大田度过的。各个生育期有其自身的需肥规律，对环境条件的要求也各不相同，生产者必须根据大蒜的不同生长发育时期的吸肥特性来确定其田间肥水管理措施。一般可按以下 5 个时期进行追肥：

①催苗肥：在幼苗期是营养器官分化和建成的时期，也是田间管理的关键时期。幼苗期以控水、保墒、松土为主，促进根系发育，防止徒长和提早退母。

秋播大蒜不同品种间幼苗期的长短差异很大。幼苗长势的强弱关系到花芽和鳞芽能否正常分化，所以幼苗期不同的品种，在追肥和灌水时期的掌握上应有所不同。幼苗期短的极早熟品种和早熟品种，在幼苗出齐后即可开始追肥和浇水，而中、晚熟品种可在 3 叶期和越冬前各追肥一次。

秋播大蒜的幼苗期一般是在冬季度过的，田间肥水管理的中心任务是培育壮苗，确保幼苗安全越冬。一般在幼苗长出 2～3 片叶（大约 1 个月左右）后追施催苗肥，可施尿素 150 千克/公顷。施肥后随即浇水，然后中耕松土、蹲苗，促使根系深扎入土，防止过早烂母。

②越冬肥：越冬肥又称“腊肥”。一般在进入越冬期时施用腐熟优质有机肥 1 500～2 250 千

克/公顷。对于冬季不太寒冷的地区，越冬肥可以不施。秋播大蒜在临冬前浇1次大水，并覆盖一层杂草或马粪，保墒保温，即可保护幼苗安全越冬。

③返青肥：返青肥又称“春肥”。一般在春季气温回升，土壤开始解冻，心叶生长和根系开始伸长时施用。“大蒜前期是旱庄稼，后期是水庄稼”，前后期以退母为分界线。蒜苗4～5叶时，母瓣中养分已经耗尽而干缩，即退母。此后大蒜开始独立生活，同时花芽和鳞片即将分化，需要养分较多。因此，在退母前适时追肥浇水，改善营养水平，减少或避免黄尖现象。秋播大蒜返青后，结合浇返青水施返青肥，施尿素300千克/公顷或氮磷钾复合肥225千克/公顷或热性肥料羊粪1 500千克/公顷，以促进鳞芽和花芽分化。秋播大蒜中的极早熟和早熟品种及南方冬季比较温暖的地区，可提早追肥和浇水。

④催薹肥：大蒜从鳞芽花芽分化到抽薹是营养生长和生殖生长并进期，由于此时进入生长旺盛期，一般应重施催薹肥。

秋播大蒜花芽分化结束期一般在早春，此时

温度低，花茎的伸长开始很慢。一般而言，早熟品种在当旬平均气温上升至5℃以上，中、晚熟品种在当旬平均气温上升至10℃以上时，花茎伸长加快，对肥水的需求量随之增加。花茎伸长旺盛时期，尤其是采收蒜薹前，大蒜平均日吸收氮磷钾养分量达最高峰。因此，结合浇水，除施氮肥外还应配施磷钾肥，可追施氮磷钾复合肥300～450千克/公顷，以满足花茎生长的需要，并为蒜头的膨大提供足够的养分，防止植株早衰。

⑤催头肥：采收蒜薹后，叶片的生长基本停止，而鳞茎膨大进入旺盛时期。大蒜鳞茎膨大期是吸收养分的高峰期，生长量也达到高峰，对氮和钾的需求量特别大。这一时期肥水管理的重点是保护叶片、根系少受损伤，防止早衰，尽量延长叶片和根系的寿命，使之持续制造和吸收养分的功能，并促进养分向鳞茎的转移，有利于蒜头肥大。一般在催薹肥施后1个月，可根据土壤肥力和前期施肥情况，在肥力不足时追施催头肥，施尿素150～225千克/公顷硫酸钾75～150千克/公顷或硫酸铵225～300千克/公顷。还可以叶面喷施0.2%磷酸二氢钾或钼、锌、铜等微

肥1～2次，也有一定增产效果。在蒜薹采收后及时浇催头水，以后要小水勤浇。在鳞茎膨大期间，经常保持土壤湿润，以降低地温，促进蒜头肥大。所谓“要长蒜，泥里陷”就是此意。但是要根据土壤和天气状况而定，黏重土壤不宜浇水过勤，沙土和沙壤土可多浇水。蒜头收获前停止浇水，防止因土壤太湿造成蒜头外皮腐烂、散瓣、不耐储藏。

66. 青蒜苗高效施肥生产管理技术有哪些？

青蒜（蒜苗）是大蒜的青苗，是以鲜嫩翠绿的蒜叶和洁白嫩脆或白嫩透红的假茎作为食用器官的重要蔬菜，也可作为调味品，一年四季均可生产和供应市场。北方有立冬前上市的早蒜苗和早春上市的晚蒜苗；南方有9月中、下旬上市的火蒜苗，10月下旬至12月下旬上市的秋冬蒜苗，1～2月上市的春蒜苗及4～5月上市的夏蒜苗等4种类型。其中北方的早蒜苗和晚蒜苗分别相当于南方的夏蒜苗和秋冬蒜苗，在我国南北各地有露地栽培和保护地栽培两种形式。

（1）露地栽培青蒜苗施肥技术。

选择茬口：栽培青蒜苗一般以蔬菜、豆类或

麦茬作为前茬，北方早蒜苗的前茬是小麦、豌豆、早黄瓜、西葫芦、早菜豆及冬莴笋等；晚蒜苗与常规栽培大蒜的茬口基本相同。南方火蒜的前茬多为夏蔬菜、瓜类和豆类，秋冬蒜和春蒜与常规栽培茬口相同。

重施基肥的原则：青蒜根群主要分布在较浅的耕作层内，对养分吸收范围较小。青蒜苗种植群体密度大，需肥量高，生长期较短，要在短时间内生长发育成较大的个体与群体，并要形成一定的产量。因此，青蒜苗栽培需要充足的肥水条件，并且要以速效肥为主，长效肥与速效肥相结合，施足基肥，促使其蒜苗快速生长，才能获得高产、优质的青蒜苗产品。

基肥施用量：在前茬作物收获后，耕翻整地之前及时施基肥。基肥以优质腐熟的有机肥为主，配施少量氮磷钾复合肥。一般基施腐熟的厩肥 60 000～75 000 千克/公顷、三元复合肥375～900 千克/公顷或土杂肥 75 000～90 000 千克/公顷、饼肥 1 500～2 250 千克/公顷、尿素 75～90 千克/公顷、硫酸钾 75～102.5 千克/公顷或人畜粪 45 000～60 000 千克/公顷。撒施基肥以后，深翻、耙碎整平、开沟做畦。北方干旱地区宜做成平畦，南方雨涝地区宜做成高畦。

品种选择：早青蒜苗栽培宜选用休眠期短、萌芽发根早、幼苗生长快、假茎粗而长、叶片宽大肥厚、蜡粉少、黄叶和干尖现象轻、抗病性强的早熟品种；晚青蒜苗栽培品种选择范围较广，不受早熟性限制，可与当地大蒜主栽品种相同。根据我国南北气候条件选择适种大蒜品种。在北方高寒地区宜选用具有耐寒性的种蒜，而在南方天气炎热的地区，宜选用具有耐高温高湿和耐干旱的种蒜。

打破休眠：由于大蒜有生理休眠期，夏季常因休眠未结束及高温影响，播种后出苗困难，因此需采取人为的措施以打破休眠。通常采用冷水浸泡法和低温催芽法，即在播种前15～20天，将分级的种瓣放在冷水中浸泡12～18小时，捞出沥干水后放在窑洞或地窖里，并保持室温10～15℃，空气相对湿度85%左右。在冷凉湿润的条件下，经15～20天后，大部分蒜瓣上已发出白根即可播种。若有条件可将经浸泡过的种蒜放入冷库、冰柜、冰箱或用绳吊在土井里（水面以上），经0～5℃低温处理3～4周即可打破休眠，促其生根发芽。

适期播种：露地青蒜的栽培季节十分灵活，因上市时间不同，播期也有较大差异，北方产蒜区一般宜在7月下旬至8月上中旬播种，生产的青蒜苗可在国庆节和元旦上市，9月上旬播种，可在春节前后上市；南方产蒜区7月下旬8月上旬播种可在国庆节上市，9月下旬至10月上中旬播种，可在元旦至春节上市，2月上中旬播种可在“五一”节前陆续上市。

科学播种：为获得高产，青蒜苗一般可以密植。密度依品种特点和播种时间而定，秋冬大蒜、春大蒜、夏大蒜可采用宽幅密播的方式，每公顷用种量3 750～5 250千克。秋大蒜的生长期短，气温高，蒜苗瘦小，一般宜用“满天星”密播的方式，不受株行距的限制，每公顷用种量可达6 000～9 000千克。

高温季节播种前，必须先浇足底水，待底水渗透后立即播种，按计划密度将蒜瓣插入土中，深度与蒜瓣等高，浅播以利出苗。秋大蒜播种前浇底水要在傍晚进行，并在夜间突击播种，以这种方法避免播种期水热、地热引起的蒜瓣腐烂现象的发生。此外秋大蒜的播种深度要浅，蒜瓣的1/3～1/2要露出地面。播种后畦面上不加麦秸等覆盖物，而是要在畦面1米以上的部位搭棚，覆盖上苇席或遮阳网等覆盖物，保墒降温，同时可防止大雨冲击，确保苗全苗旺。晚播蒜宜开沟浅播，并浇足底水后覆盖一层熟土，再盖一层麦秸，不需搭棚架遮阴。

幼苗期加强肥水管理：早蒜苗播种出苗阶段正值高温季节，在播后出苗前每隔2天浇一次水，直至齐苗。浇水时应在每天早晚天气凉爽时进行，并尽量浇适量的凉水，不能使土壤过湿，避免高温烈日引起的烂种，使蒜苗发黄，影响青蒜的产量和质量。

南方的火蒜在齐苗至采收前，需浇水2～3次，每次顺水冲施尿素75～150千克/公顷。第一次在齐苗后，第二次在苗高7～10厘米时，最后一次在采收前7～10天，苗高15厘米左右时。一般每收割一刀都要浇水并追施少量尿素。如果基肥充足，并追肥及时，可延续收割至春节前后。

秋冬青蒜苗待幼苗2～3片叶时，结合浇水追施尿素37.5千克/公顷，可促苗早发、快长、健壮。在深秋要特别注意防治蒜蛆为害。

春蒜在肥水管理和蒜蛆防治上基本与秋冬蒜相同，应在越冬前浇一次防冻水，结合浇越冬水，追施腊肥，如每公顷追施腐熟的厩肥30 000～45 000千克，然后覆盖草粪或稻草，也可扣小拱棚。返青后及时浇返青水，并追施1次返青肥，约施尿素225千克/公顷或追施腐熟的稀粪水45 000千克左右，以促进青蒜苗快长、高产、优质。

北方的早青蒜苗在齐苗后，先浅锄地1次，后追肥提苗。结合浇水追施尿素150～225千克/公顷，随后视苗情及时追肥浇水。一般情况下，在蒜苗出齐、叶片尚未展开时，先浇提苗水1次（最好要浇足浇透，直至收获前不再浇水），待水渗下去后，覆盖1层5厘米左右的沙土或腐熟的厩肥、碎草等。如果蒜苗生长健壮，可再进行第二次覆盖，促使蒜白（叶鞘）不断伸长生长。晚蒜苗与秋蒜苗管理方法基本相同，并注意采取冬季防寒保温措施。

适时采收：青蒜苗的采收可根据市场行情或需要陆续分批进行。当蒜苗具有 4～5 片嫩叶、苗高 20 厘米以上时即可采收。一般在气温适宜、肥水条件良好的情况下，播种后 50 天左右即可收获上市。刀割一茬，待刀伤愈合后及时追施适量尿素，养好下茬青蒜苗待采收。

（2）保护地栽培青蒜苗高效施肥技术。近年来，随着设施条件的改善，在我国北纬 38°以北地区整个冬季均能进行青蒜生产。其主要栽培设施有日光温室和塑料阳畦，栽培方法有日光温室畦田栽培、多层架立体栽培、火炕栽培、电热温床栽培和塑料阳畦栽培等。目前主要采用日光温室和塑料阳畦栽培。

保护地栽培青蒜苗主要是在冬季以蒜头或剥瓣密植于温室、温床、阳畦或拱棚等保护地环境下，借蒜瓣自身营养，给予适当的温度、湿度来生产蒜苗的方法。小规模青蒜苗栽培可利用温室后墙部分或其他空地，放置木箱、竹筐等进行青蒜苗种植；大规模青蒜苗栽培可在温室内做畦专门生产青蒜苗或在温室内搭架进行立体栽培。无论采用哪种方式，都需要掌握高效施肥技术要点。

品种选择：保护地青蒜苗栽培品种的选择与露地栽培基本相同。

选择幼苗生长迅速、叶质肥厚鲜嫩、单株或单位面积产量高、适宜密植且节省蒜种的小瓣蒜做种蒜，同时种蒜要坚实、未受涝、未受冻、未伤热、无病虫害、不发霉、蒜皮发亮。因此应选择蒜头大、蒜瓣多而均匀、休眠期短、生长快、假茎长、不易倒伏、叶片肥厚的地方优良品种，多为白皮蒜类，如苍山糙蒜、白马牙蒜、永年白蒜等，运势设施青蒜栽培的优良品种。种蒜处理方法同露地栽培。

确定播种期：在设施保护地条件下可以创造出适宜青蒜生长的生态环境，蒜苗生长速度快，生长期短，而且可按市场需求随时播种。因此，可根据实际需求计划确定适宜的播种时间。

整地施肥做畦：由于保护地栽培的青蒜生育期短，管理简单，20～30 天即可生产一茬。在温室或拱棚大规模栽培时，栽前需施腐熟细碎的优质农家肥 75 000～150 000 千克/公顷、硫酸钾 300 千克/公顷、氮磷钾三元复合肥 750～1 500

千克/公顷，撒于地面后并适量施用杀菌杀虫剂，深翻20～25厘米。肥土药混匀，耙平做畦。把经过去根盘、剔除老蒜薹梗的蒜头，一头挨一头摆到栽植畦内。

幼苗肥水管理：蒜苗生产无需蹲苗，可一促到底。栽后到收割头刀蒜苗，一般要浇3次水。棚室栽培蒜苗，施足基肥时一般不需再追肥。但因缺少氮肥影响生长时，可用磷酸铵225～300千克/公顷溶于水中进行泼施。为了促进蒜苗快速生长，在苗高20厘米时，可用磷酸二铵75～80千克/公顷配成液肥浇灌1次；也可用0.2%的磷酸二氢钾叶面追肥。每次追肥后，都要用清水喷洒两遍，以免发生肥害。只要水、肥、温控制适宜，栽后20天左右、苗高35～40厘米即可收割头刀蒜苗上市，以后根据市场需求随时收获。

67. 蒜黄高效栽培关键技术有哪些？

大蒜在无光或弱光的条件下，利用蒜瓣自身的养分，通过软化栽培或半软化栽培，可培育出叶片柔嫩、色泽为淡黄到金黄色、香味独特、品质鲜嫩的蒜苗，即蒜黄，这种栽培方式称之为软化栽培。蒜黄软化栽培比较简单，在大棚、温室条件下均可。其生长期较短，播种后 20 天即可收获，可以四季常年生产。我国华北一带常用地窖或半地下式薄膜温室等软化，苏北和山东等地多采用露天（挖窖）、阳畦、薄膜拱棚或室内栽培。

品种选择：蒜黄生长所需养分主要来自蒜瓣，品种最好选用头大瓣匀的蒜头，紫皮蒜或白头蒜中发苗快的品种最适宜。夏末初秋生产时应注意选用休眠期短的品种，同时要选用发芽势强。出黄率高、且蒜黄粗壮的一级大瓣，并剔除小瓣和霉变受伤的蒜瓣。

栽培季节：蒜黄生长期较短，每茬 20～30 天，每季收割 2～3 茬，整个栽培季节可生产4～5 季蒜黄。每年 9 月至翌年 4 月均可生产。如地窖栽培宜在 11 月上旬至翌年 1 月下旬或 12 月上旬至翌年 2 月下旬；温室软化栽培可从 10 月上旬至翌年 2 月下旬或 10 月下旬至翌年 4 月上旬随时均可播种。

栽培方式：蒜黄秋、冬、春季均可栽培。秋季温度较高，宜进行露天遮阴或室内避光栽培；

冬、春季温度低，宜选择背风向阳的保护地（塑料薄膜日光温室、塑料阳畦等）季地窖内遮光保（加）温栽培。

种蒜的处理、整地方法、播种方法与青蒜苗设施栽培的方法相同。

科学管理：

一是要遮光，栽后 3 天，蒜芽大部分出土时，要在大棚或温室的拱棚上覆盖草帘遮光，软化蒜叶。遮光较晚或漏光时，叶鞘会变绿而降低食用品质。

二是调控温度，蒜黄出苗前，白天保持温度在 25℃，夜间为 18～20℃；出苗后至苗高 24～27 厘米时，白天保持温度在 20～22℃，夜间为 16～18℃；苗高 27～33 厘米时，白天保持温度在 14～16℃，夜间为 12～14℃；收割前 4～5 天，白天保持在 10～15℃，夜间 10～12℃。收获前要注意降温，若温度过高，植株生长过快，极易倒伏、腐烂。

三是合理浇水，栽完种蒜后立即喷水，畦面要经常保持湿润，以后每隔 2～3 天喷 1 次水，喷水量的大小要根据棚室内温度的高低而定，温度高时喷水量要大。第一次喷水后宜改为浇水，苗大和温度高时浇水量要大一些；反之浇水量要小。

四是合理施肥，蒜黄是软化的蔬菜，生长期间主要是依靠蒜瓣内贮藏的养分，靠光合作用制造的养分很少，所以，在栽培期间一般不需揭开草帘透光，但若发现蒜黄呈雪白色，可在收割的前几天中午揭开草帘，通过短时间的光照改变蒜黄的色泽和品质。

及时收获：一般在播种后 15～20 天，当蒜黄苗高 35～40 厘米时收割第一茬。第一茬蒜黄产量平均可达下种量的 70%左右，即 1 千克种蒜可收蒜黄 0.7 千克左右。再过 15～20 天以后收割第二茬，再过 25～30 天还可收第三茬。每次收割待伤口愈合后浇足水，并随水施入 0.5%尿素和 0.05%磷酸二氢钾，还应轻撒一些细沙土，促进下茬蒜黄伤口愈合，快速生长，一般可连续采收 3 茬后，清除蒜母子和沙土，换上新沙土继续生产。每次采收后捆成捆，在阳光下晒一会儿，蒜叶转变为金黄色即可上市。

68. 蒜薹高产栽培关键技术有哪些？

以蒜薹为主要产品，露地栽培大蒜高产生产技术如下：

（1）品种选择。宜选择蒜薹粗壮、蒜头外观颜色一致、蒜瓣数相近且均匀饱满的品种，如苍山大蒜、四川二水早、云顶早等。

（2）整地做畦 施足基肥。蒜地的选择标准同大蒜露地栽培，土壤经深翻整细整平后，按畦长2米、宽1.8米的规格放线，两边开挖宽20厘米、深15厘米的丰产沟。结合整地施用基肥，施土杂肥60 000～75 000千克/公顷或腐熟的农家肥30 000～37 500千克/公顷、饼肥2 250～3 000千克/公顷、尿素千克/公顷150～300千克/公顷。

（3）适期播种 合理密植。一般北方地区适宜播种期在9月中、下旬；苏北地区9月上、中旬；长江流域9月下旬至10月中旬；华南地区8月上、中旬。播种前将选好的蒜种先用冷水浸泡12～16小时，捞出后再用10%的石灰水浸泡30分钟，再用0.2%磷酸二氢钾水溶液浸泡6小时，捞出后按行距18～20厘米、株距7～8厘米播种。播深3～4厘米，每公顷栽植600 000～

750 000 株。

（4）田间肥水管理。

一是及时破膜放苗：对于不能自行破膜的幼苗药剂师进行人工辅助出苗，可用小铁丝弯成小钩进行破膜引苗。

二是加强肥水管理：长江以北地区蒜薹露地栽培时，应根据天气情况适时教一次越冬水。不同地区浇越冬水的时间也有差异，苏北地区在大雪前后，华北地区在“小雪”前后，黑龙江在10月下旬。第二年春天要及时浇返青水，苏北地区在3月上旬，华北地区在3月中旬，黑龙江在4月上旬。采薹前停止浇水。每次浇水，宜顺水冲施速效氮肥，特别是要在露尾前10～15天重施“薹肥”，可追施尿素225～300千克/公顷或大蒜专用肥225～300千克/公顷。露尾后还可喷施微量元素肥料，促进蒜薹快速生长。

三是适时采收：当蒜薹弯曲恰似秤钩，薹苞明显膨大，颜色由绿变白，薹近叶鞘又有4～5厘米长变成黄色时即可采收。

69. 蒜头高产栽培关键技术有哪些?

（1）严格选种。大蒜选种可采用“两选一分法”，即在大蒜收获时，在田间选择具有本品种形态特征和优良种性的植株留种，要求叶片无病斑、蒜头肥大周整，外观颜色一致，瓣数相近、均匀饱满，并要单收单藏。播种前还要选择无病斑、无破损、无烂瓣、无夹心瓣、无弯曲瓣的种瓣，再按大、中、小 3 个等级进行分级，一般多选用一级蒜种，单瓣重 4～5 克。

（2）适期播种。秋播大蒜适期播种的日均温度 20～22℃，北方地区为 9 月中、下旬，以越冬前蒜苗 4 叶 1 心为准；长江流域 9 月下旬至 10 月中旬，冬前长到 5～7 片叶。栽植密度应根据品种特性基土壤的肥水状况，适宜的播种量以 375 000～480 000 株。

（3）浇好 “三水” 施好 “三肥”。在土壤封冻前浇好越冬水；在第二年春天土壤解冻时浇好返青水；在蒜头快速膨大时浇好膨大水。在冬前以充分腐熟的厩肥为主追施越冬肥；在第二年土壤解冻后，以速效氮肥为主追施返青肥；在蒜头膨大初期，同样以氮肥为主，追施膨大肥，并同时叶面喷施磷酸二氢钾 0.2%。

（4）适期采收。蒜头适期采收的形态特征是植株基部大都干枯，假茎松软，用力向一边压倒地面不脆而有韧性。收获前一天轻浇水一次，使土壤湿润，便于起蒜。收获的新蒜头要及时去泥，消去根须，放在田间晾晒，然后分级贮藏或上市销售。

70. 大蒜地膜覆盖高产栽培要掌握哪些关键技术?

大蒜地膜覆盖栽培对于解决北方干旱地区降低耗水量、秋播大蒜安全越冬和提高出口级蒜率等问题，具有重要意义。

（1）精细整地 施足基肥。地膜覆盖栽培比常规露地栽培对土壤的要求更严格。要求土壤肥沃、富含有机质、地势平坦、土质疏松细匀、水利设施配套、排灌方便通畅。

由于地膜覆盖栽培大蒜需肥量大，覆膜后追肥不便，所以，施肥的原则是以基肥为主，追肥为辅，基肥以缓效的有机肥料为主，以速效的化肥为辅，重视氮、磷、钾和微量元素肥料的配合施用，并注意增施磷、钾肥和大蒜专用肥。通常情况下，每公顷基施腐熟的厩肥 30 000～45 000 千克或禽粪肥 15 000～22 500 千克、饼肥

2 250～3 000千克、过磷酸钙375～450千克或土杂肥60 000～75 000千克或大蒜专用肥600～750千克。施肥后要深耕细耙，疏松土壤。在整地做畦时要做到肥土充分混匀、畦面平整、上疏下实、土质细匀，然后做成宽120～180厘米的小高畦，两边开宽25厘米、深20厘米的沟。也可在前茬收获后，把地面残茬清理干净，喷施免深耕土壤调理剂，播种前浅耕松土后再播种。

（2）适期播种。由于地膜覆盖有增温保墒作用，因此要适期晚播。一般比当地露地蒜迟10～15天。长江流域及其以南蒜区为10月中旬至11月上旬，越冬前大蒜苗达4～7叶；长江以北蒜区在9月下旬至10月中旬。播种密度应根据土壤肥力和管理水平灵活调整。播种前选种标准、种子处理、播种方法等与蒜薹栽培相近。播种时可采用开4～5厘米的浅沟，按株行距定向（蒜瓣背向南）排种（先播种后覆膜），也可采用按株行距膜上打洞摆种（先覆膜后播种），并用细土盖匀，然后轻轻除去膜上余土，以防遮光，降低增温效果。

（3）及时破膜放苗。先播种后覆膜的地块，约有80%的蒜苗自行出土顶破地膜，不能顶出地膜的应及时人工辅助破膜放苗，以防灼伤幼苗。

（4）加强肥水管理。地膜覆盖栽培大蒜长势旺盛，需肥量大，特别是在大蒜生长的中后期要适期谁是蒜头膨大肥，后期根系吸收肥水能力减弱，根据苗情及时喷施叶面肥磷酸二氢钾0.2%或微量元素肥料1～2次，平衡供应大蒜对各种养分的需求，以延长后期功能叶的寿命，促进蒜头增大，提高产量，改善品质。

71. 大蒜病害主要有哪些?

大蒜病害主要有真菌性病害、细菌性病害、病毒和线虫四类。真菌性病害主要有叶枯病、叶斑病、锈病、灰霉病、白腐病、菌核病等。细菌性病害主要有细菌性软腐病。病毒性病害主要有大蒜花叶病。由线虫侵染引起的大蒜线虫病。

大蒜病害的防治应分清病害种类，针对不同病害采取不同的有效防治措施。

72. 如何识别和防治大蒜叶枯病?

危害症状：该病主要为害蒜叶和蒜薹。发病初期多始于叶尖或叶的其他部位，渐向叶基发展，并由下部叶片向上部叶片蔓延，初呈苍白或灰白色稍凹陷的小圆点，扩大后呈不规则形或椭圆形灰白色或灰褐色、浅紫色病斑，病斑常顺着叶缘产生，潮湿时其上生出黑色霉状物（分生孢子及分生孢子梗）。薹一抽出即可染病，形成与叶部相同的病斑，且易从病部折断，最后病部散生许多粒状小黑点（子囊壳）。为害严重时病叶枯死，蒜薹抽不出来。

防治方法：①发病初期病叶较少时及时清除被害叶。②加强管理，合理密植，雨后及时排水。③药物防治，于发病初期及时喷洒下列杀菌剂：10%世高1 000倍液、43%好力克2 000倍液、75%百菌清600倍液、58%甲霜灵锰锌800倍液、64%杀毒矾600倍液等。

73. 如何识别和防治大蒜叶斑病？

危害症状：大蒜叶斑病只为害蒜叶。病叶初呈针尖状黄白色小点，逐渐发展呈水渍状，褪绿斑后扩大形成以长轴平行于叶脉的椭圆形或梭形病斑，稍凹陷，中央枯黄色，边缘红褐色，外围黄色，并迅速向叶片两端扩展，尤以向叶尖方向扩展的速度最快，致叶尖扭曲枯死，病斑中央深橄榄色，湿度大时呈绒毛状，干燥时呈粉状。

防治方法：①合理密植，施足底肥，及时追肥，配方施肥。②清除病残体并及时烧毁。③药物防治，喷洒70%代森锰锌500倍液，58%甲霜灵锰锌1∶600倍液，1∶1∶100波尔多液。视病情6～7天1次，连用2～3次。

74. 如何识别和防治大蒜锈病？

危害症状：该病为害蒜叶和假茎。病部初为梭形褪绿斑，后在表皮下出现圆形成椭圆形稍凸起的夏孢子堆，表皮破裂后散出橙黄色粉状物。

防治方法：①避免葱蒜混种；②注意防止大水漫灌；③药物防治，于发病初期及时喷洒25%三唑酮（粉锈宁）可湿性粉剂1 000倍等药剂。

75. 如何识别和防治大蒜菌核病？

危害症状：发病初期鳞茎上外部叶片发黄，根系不发达，植株生长缓慢，后期整株逐渐枯黄，蒜头腐烂枯死。潮湿时，病部表皮下散生褐色或黑色小菌核。该病的菌核随病残体遗落在土壤中越夏过冬。菌丝和菌核均能随流水、土杂肥和附着在农具、人畜脚上而传播扩散。菌核病在黄淮地区一般3月上旬开始发生，盛期在3月下旬至4月上旬。低温高湿，土质黏重，透水性差，发病较重。

防治方法：①实行水旱轮作，避免葱、韭、蒜连作。②合理密植。③加强肥水管理。不用病残体沤制土杂肥，配方施肥，增施大蒜专用肥。勿大水漫灌。④药剂防治：播前药剂拌种。用50%速克灵可湿性粉剂50克兑水适量拌种200～250千克。晾干后播种。田间防治：发病初期，每公顷用75%百菌清可湿性粉500倍的药液或50%速克灵可湿性粉1 000倍的药液750～225千克均匀喷雾，隔7～8天，视病情连用2～3次。

76. 如何识别和防治大蒜灰霉病？

危害症状：大蒜灰霉病是大蒜生产中后期和蒜薹贮藏期的重要病害之一。该病为害蒜叶和蒜薹。病斑初呈水渍状，继而变成白色至浅灰褐色斑点，由叶尖向叶基发展。病斑扩大后成梭形或椭圆形，后期病斑愈合成长条形，叶面生稀疏灰至灰褐色绒毛状霉层，枯叶表面可见形状不规则、1～6毫米大小的黑色坚硬菌核。先从下部老叶尖端开始，继而向上部叶片蔓延直至整株发病，造成叶鞘甚至蒜头腐烂，后干枯成灰白色，易拔起，病部有灰霉及菌核。库藏蒜薹先由薹梢发病，后蔓及薹茎，直至腐烂。

该病主要以菌核潜伏在蒜田土壤中越夏（冬）。在低温高湿下产生孢子，传播侵染大蒜，潜育期 4 天。冬前和翌春田间有 2 次发病过程，以春季为主。

防治方法：①选用抗病品种。②科学肥水管理。配方施肥，沟系配套，防涝渍。③药剂防治：发病初期用 50%速克灵可湿粉 1 500 倍液，或 50%扑海因可湿性粉 1 000 倍液喷雾防治。

77. 如何识别和防治大蒜软腐病？

大蒜危害症状：大蒜软腐病是细菌性病害。发病时先从叶缘或中脉开始，并逐渐扩大，后沿叶缘或中脉形成黄白色条斑，可贯穿整个叶片。湿度大时，病部呈黄褐色软腐状。一般脚叶先发病，后逐渐向上部叶片扩展，可致全株枯黄或死亡。重病田挥发出浓烈的大蒜素气味。

防治方法：①清除病残体，减少侵染源。②适期播种，沟系配套，注意排涝降渍。③配方施肥、推广应用大蒜专用肥，培育壮苗。④及时防治蓟马和根蛆等地下害虫。⑤化学防治：用14%络氨铜水剂300倍液或72%可杀得可湿性微粒粉500倍液，或1 000万单位新植霉素4 000～5 000倍液均匀喷雾。发病初期及早喷洒可杀得或DT500倍液等。

78. 如何识别和防治大蒜花叶病？

花叶病是大蒜重要病害之一，是由病毒感染引起的病毒性病害。大蒜系无性繁殖，带毒株能长期随蒜瓣传至下代导致大蒜种性退化，蒜头变小，产量降低。

危害症状：发病初期，沿叶脉出现断续黄条点，后连成黄绿相间长条纹，其后长出的叶片都表现相同的黄条斑驳现象。随病情渐重，新生叶发育受阻，植株矮小，叶片及假茎畸形扭曲，外叶黄化，最后整株枯死。早期感染蒜株多冬前死亡；感病晚的冬前无明显症状，生长接近正常，但翌春气温回升后开始显症。除叶片呈黄绿条斑外，蒜薹瘦弱、短小，蒜头变小，蒜衣破裂裸瓣，须根少，不经休眠即发芽出苗，重者蒜瓣僵硬，贮期尤为明显。

大蒜花叶病常由一种或多种病毒复合浸染所致，目前已明确有7类病毒可侵染大蒜。大蒜病毒分布于除气生鳞茎以外的蒜株各部位。播种病瓣，长出的苗和自生苗是大蒜病毒病的中心毒源。田间主要通过桃蚜、葱蚜等进行非持久性传毒。蚜虫吸食病株汁液获毒后，病毒素刺激蚜虫翅型分化，经有翅蚜迁飞扩散而迅速传播蔓延。病害发生与蚜虫的关系极为密切。高温、干旱，蚜量大，传毒面广，发病普遍且严重。播种早和土壤干燥、肥料缺乏、杂草丛生等管理差的蒜田，发病早且重。与其他葱属作物连（邻）作的蒜田发病也重。

防治方法：①严格选种，有条件的可播种脱毒大蒜；②避免大蒜与韭、葱等葱属植物邻作或连作；③治蚜控病；④药物防治，于发病初期及时喷洒1.5%植病灵乳剂1 000倍液，20%病毒A500倍液。

79. 如何识别和防治大蒜线虫病?

大蒜线虫有大蒜根腐线虫和马铃薯茎线虫两种，分布广泛，寄主达百余种植物。

危害症状：大蒜根腐线虫，以成虫和幼虫为

害蒜株的根茎部位，典型症状是植株无根须。受害后蒜株矮小黄化，新生叶不能开展，蒜叶细长、卷曲折叠；假茎和蒜薹肿胀粗短，畸形、弯曲；根部初呈暗褐色斑，随后茎盘朽烂，根须脱落，植株死亡，缺苗断垅。大蒜根腐线虫一年发生 4～5 代，世代重叠，在寄主或土中越冬。在病组织中繁殖，喜酸性砂质壤土，土粒小、水分多的土壤有助于其活动，并借助于土壤内水分的微循环和地表径流来完成土内转移和田间扩散蔓延。

马铃薯茎线虫，以成虫和幼虫为害蒜株，典型症状是从根际向茎上开始软化变质逐渐腐烂、黄化枯死。被害蒜株近根部组织呈稍凹陷的灰褐至黄褐色病斑，蒜瓣肉呈海绵状或蜂巢状的不同变质，瓣内幼芽多呈腐烂状，若用其播种，多不能萌芽或出芽后不久逐渐枯死而大量缺苗。蒜株常从根际向茎上开始软化变质、腐烂，植株不断黄化枯死，形成缺苗断垄。马铃薯茎线虫一年发生 5～6 代，世代重叠，在寄主或土中越冬，成为次年的初侵染源，在蒜肉内繁殖危害。

防治方法：①清洁田园。收获后及时清除并

销毁残根腐叶，建立无病繁殖田，实现统一良繁和供种。②合理轮作换茬。因连作使该线虫逐年累积，病害不断加重。实践证明，实行3年以上的水旱轮作，防效较好。③温汤浸种。先将蒜种在温水中浸泡2～3小时，使其成虫开始活动，后再用50℃的热水浸泡10～20分钟，上下翻动2～3次，杀虫效果好。④发现病株后，要连土挖出并集中销毁病株，撒石灰深埋。⑤药剂防治：蒜种处理。播前先用温水浸泡蒜种2小时，后用90％晶体敌百虫或80％敌敌畏乳油1 000倍液浸种24小时。发病初期用48％乐斯本乳油800～1 000倍液穴施灌根，渗后盖土即可。

80. 大蒜虫害主要有哪些？

大蒜虫害主要有蒜蛆、蓟马、蚜虫、潜叶蝇、象鼻虫等几种。

81. 如何识别和防治蒜蛆？

蒜蛆又称地蛆、根蛆，是灰地种蝇和葱地种蝇的幼虫，属双翅目花蝇科。蒜蛆以幼虫群集为害蒜头，从根茎间侵入，多向上咬食2～3厘米，致使腐烂，自下部叶片起，叶尖枯黄至中部，呈黄白条纹，影响大蒜生长发育，受害蒜头多呈畸形或腐烂，重者全株枯死。幼虫活动性强，可在土中转株为害。地蛆一年发生 2～4 代，以蛹在土中越冬，成虫幼虫也可越冬。成虫产卵喜欢选择干燥的地块，大蒜栽种后或在成虫产卵盛期不能及时浇水，则落卵量大增，幼虫也喜欢干燥的土壤，降雨和灌溉可减轻其危害。蒜蛆成虫对未腐熟的粪肥及发酵的饼肥均有强趋性。故施用未腐熟的粪肥、厩肥或发酵的饼肥易招致其产卵，为害重。

防治方法：①科学运筹肥水。灌施草木灰，施用充分腐熟的有机肥，施后及时翻土，种肥分离，勤浇水。北方蒜区播种和苗期要保证供水充足，土壤墒情不足时要带水播种。出苗后浇好“满月水”，烂母前适时浇水、追肥，缩短烂母过程。②精选蒜种。适期播种，应选用无伤、无病的大瓣种，适期播种，培育壮苗，以减轻地蛆为害。③诱杀成虫。方法 1：糖醋诱杀成虫。诱液用红糖 1 份、醋 1 份、水 2.5 份，加入少量锯末和敌百虫拌匀，放入诱蝇器内，7～8 天更换 1 次诱液，成虫数量突增时即为盛发期，应及时用药防治。方法 2：灯光灯杀成虫。大蒜产区可推广使用“频振式杀虫灯”诱杀成虫，控制为害。④化学防治：防治成虫可选用90%晶体敌百虫1∶1 000倍液，或80%敌敌畏乳油1∶1 500倍液喷雾；防治幼虫可用48%乐斯本乳油1∶1 500倍液或50%辛硫磷乳油1∶1 000倍液进行灌根或喷淋茎基部；也可每公顷用1.1%苦参碱粉450～600克混入适量细土撒施后浇水。

82. 如何识别和防治蓟马？

蓟马属缨翅目蓟马科，食性杂，成（若）虫锉吸式口器吸食叶汁，使蒜叶形成许多细密的灰白色条斑，严重时叶片扭曲，叶尖枯黄变白，影响大蒜的产量、质量，蓟马还可传播植物病毒。蓟马以成虫、若虫在未收获的寄主叶鞘内、杂草、残株间或附近的土里越冬，翌春成若虫开始活动为害。成虫活泼善起，可借助风力传播扩散。成虫怕光，喜欢温暖和较干旱的环境条件，白天多在叶背或叶腋处，阴天和夜里到叶面上活动取食。

防治方法：早春清除田间杂草和残株落叶，集中处理，压低越冬虫口密度。平时勤浇水、除草，可减轻危害。药剂防治：可喷洒的药剂：

0.3%苦参碱水剂1∶1 000倍液；80%敌敌畏乳油1∶1 500倍液；50%辛硫磷乳油1∶1 500倍液；21%灭杀毙乳油1∶1 500倍液；20%复方浏阳霉素乳油1∶1 000倍液。

83. 如何识别和防治蚜虫？

大蒜蚜虫有桃蚜、葱蚜，属同翅目蚜科。蚜虫吸食蒜叶汁液，常造成蒜叶卷缩变形，褪绿变黄而枯干，同时传播大蒜花叶病毒，导致大蒜种性退化。蚜虫食性杂，在寄主间频繁迁飞转移，常给防治带来困难。与十字花科和茄科植物邻作或近村庄、桃、李树种植的蒜田，蚜虫发生为害重，而间（套）种小麦、玉米的蒜田，蚜虫发生迟，为害轻。蚜虫对黄色、橙色有强烈的趋性，对银灰色有负趋性。

防治方法：防治蚜虫宜及早用药，将其控制在点片发生阶段。①利用蚜虫对黄色有较强趋性的原理，在田间设置黄板，上涂机油或其他黏性剂吸引蚜虫并杀灭。②利用蚜虫对银灰色有负趋性的原理，在田间悬挂或覆盖银灰膜，每公顷用膜75千克，在大棚周围挂银灰色薄膜条（10～15厘米宽），每公顷用膜22.5千克，驱避蚜虫。

③利用银灰色遮阳网、防虫网覆盖栽培。④药剂防治，可喷洒10%吡虫啉1 000倍液或2.5%功夫菊酯乳油3 000倍液或80%敌敌畏乳油1 000倍液。

84. 如何识别和防治潜叶蝇?

潜叶蝇俗称叶蛆，属双翅目潜蝇科，以幼虫钻蛀大蒜心叶和叶鞘，蛀食叶肉和表皮，形成弯曲的灰白色潜道，重者蒜株干枯死亡。一年发生多代，世代重叠普遍。在东北和淮河以北地区以蛹在被害叶内越冬；在长江以南，南岭以北地区以蛹越冬为主，少数以幼虫和成虫越冬。在江苏蒜区，2月下旬开始为害，4月中旬至5月中旬为害重。

防治方法：①消灭虫源。大蒜收获后及时处理残株枯叶，控制越夏基数。②合理布局。蒜田不要与春秋有蜜源的作物间套种或邻作，控制成虫补充营养，降低其繁殖力。③科学施肥。推广大蒜专用肥，培育壮苗，降低成虫落卵量，减轻其发生为害。④药剂防治：始见幼虫潜蛀时，喷洒48%乐斯本乳油1 000倍液，1.8%爱福丁乳油1 000倍液，10%烟碱乳油1 000倍液，10%

氯氰菊酯乳油2 000倍液。视虫情7~8天1次，连防2~3次。

85. 如何识别和防治咖啡豆象？

危害症状：即大蒜象鼻虫，是蒜头贮藏期的主要害虫，除了危害大蒜外，还危害谷物、咖啡、干果等植物。在大蒜的生长期，幼虫钻入蒜头中蛀食茎盘，在蒜头悬挂期间可继续危害。

形态特征与生活习性：咖啡豆象属鞘翅目长角象科。其成虫体长2.5~4.5毫米，长椭圆形。头顶宽而扁平，喙短而宽。复眼黑色。触角棒状，前服饰背板梯形，前缘向前缩成圆形，后缘和两侧缘基角尖锐。卵椭圆形，初光亮乳白，后呈透明状。幼虫共3龄。老熟幼虫体长4.5~6.0毫米，近蛴螬形，乳白色或乳黄色。头大而圆，不缩入前胸，淡黄色。胸足退化。裸蛹，乳黄色。

江苏一年发生3~4代，以幼虫在蒜头、枯棉铃和玉米秆里越冬。越冬代、1代和2代成虫期分别在5月下旬至6月下旬、7月中旬至8月中旬和9月中旬至10月中旬。2代幼虫少量滞育越冬，3代幼虫大量滞育越冬，少数孵化早的幼虫能发育成第4代成虫（不能越冬）。越冬代成虫盛发时，正值蒜头收藏期，大量飞到蒜头上产卵，1、2代成虫陆续在蒜头上产卵繁殖、为害，蒜蒂被蛀空极易散瓣。成虫性活泼，有假死性、趋光性和向上转移的习性。主要产在潮蒜头的根蒂部，极少产在蒜梗上。产卵期可持续1个月左右，初孵幼虫在寄主组织里边咬食边钻蛀，老熟后在寄主组织内筑蛹室，后脱皮成蛹。

防治方法：①农业防治：压低虫源。收购蒜头时（7月中下旬）或加工厂加工蒜头时或秋播前，注意将整理下来的蒜蒂、蒜梗等残物处理掉，除了深埋、沤肥外，更经济有效的是将这些残物粉碎，加工成饲料添加剂。可有效地杀死其中的大、二代幼虫和蛹等。玉米秆、棉花秸（枯铃）等越冬寄主尽量在来年收蒜前处理掉；大蒜收获时，有条件的用机械方法快速干燥，减少越冬代成虫落卵量；采用地膜覆盖等促早熟措施，使收蒜期与越冬代成虫产卵期错开。②药剂防治：蒜头收获、晾晒、挂（堆）藏过程中，可采用高效、低毒、低残留、击倒性强、药效期较长的农药（如拟除虫菊酯类杀虫剂），或具忌避作用的农药进行喷雾防治。

86. 大蒜田杂草如何防治?

杂草与大蒜争光、争水、争肥，是影响大蒜产量的主要因素之一。蒜田草害种类多、发生早、发生量大、危害期长，防除难度大，应以农业防除和化学防除技术相结合。

农业防除法：①深翻整地：将表土层草种子翻入20厘米以下，抑制出草。同时捡除深层翻上来的草根（如小旋花等)。②合理密植：依栽培方式和收获目标的不同，进行相应的合理密植，创造一个有利于大蒜生长发育而不利于杂草生存竞争的空间环境。③轮作换茬：一般有条件的地区可实行2～3年一周期的水旱轮作。水源缺乏的半干旱地区，可实行旱茬轮作换茬。④覆草：秋播蒜时覆3～10厘米厚的麦秸、稻草、玉米秸、高粱秸等，不仅能调节田间温、湿度和改土肥田，而且能有效地抑制出草。⑤使用除草地膜：地膜蒜田草害严重，应大力推广除草药膜和有色（尤其是黑色）地膜，使增温保墒和除草有机结合。

化学防除法：蒜田除草剂选择：播后苗前进

行土壤处理，防除禾本科杂草可选用除草通、大惠利、氟乐灵等除草剂；防除莎草和禾本科杂草可选用莎扑隆防除。禾本科杂草、莎草和阔叶草可选用果尔、旱草灵、恶草灵、抑草灵等除草剂。防除禾本科杂草和阔叶草可选用扑草净、绿麦隆、异丙隆等；大蒜立针期防除禾本科杂草、莎草和阔叶草可选用旱草灵、果尔、恶草灵、抑草宁等。但蒜苗1叶心期禁用药；大蒜2叶以后，防除禾本科杂草、莎草和阔叶草可选用果尔、旱草灵等除草剂，但蒜苗2叶前禁喷药。

87. 蒜田草害化学防除技术要点是什么？

①禾本科杂草的化学防除：大蒜播后苗前，每公顷用48%氟乐灵3 000～3 750毫升，或33%除草通3 000～3 750毫升，或50%大惠利1 800～2 100克，或3 000毫升绿麦隆与960毫升氟乐灵混合兑水600～900千克均匀喷雾。

②莎草的化学防除：大蒜播后苗前，每公顷用50%莎扑隆6 750～9 600克，兑水750千克均匀喷雾；或在播前喷药，混土后播蒜。

③阔叶草的化学防除：

A. 大蒜播后苗前，每公顷用50%扑草净

960～1 500 克，兑水 450～750 千克均匀喷雾，防除牛繁缕、猪殃殃、婆婆纳、大巢菜等阔叶草，要求墒情好。用量加大时也可除禾本科杂草及莎草，但安全性差，特别是砂质土蒜田易发生药害。

B. 在小旋花苗 6～8 叶期（避开大蒜 1 叶 1 心至 2 叶期），每公顷用 25%恶草灵 1 800 毫升、或 24%果尔 750 毫升、或 40%旱草灵 1 500 毫升、或 37%抑草宁 2 550 毫升，兑水 750～900 千克均匀喷雾即可。

C. 在繁缕、卷耳等石竹科杂草子叶期，每公顷用 24%果尔 990 毫升、或 40%旱草灵 1 500 毫升，兑水 600～750 千克均匀喷雾；或大蒜播后苗前，每公顷用 50%异丙隆 3 000～3 750 克，对水 750 千克均匀喷雾；或大蒜立针期，每公顷用 37%抑草宁 2 100 毫升，兑水 750 千克均匀喷施。

④禾本科杂草＋阔叶草的化学防除：在大蒜播后苗前，每公顷用 50%异丙隆 2 250～3 000 克、或 25%绿麦隆 4 500 克，兑水 750 千克均匀喷雾，要求土表湿润。若绿麦隆每公顷大于

6 000克，对大蒜和稻蒜轮作区的后茬水稻均有药害。

⑤禾本科杂草＋莎草＋阔叶草的化学防除：在大蒜播后至立针期（以禾本科杂草为主）或大蒜 2 叶 1 心至 4 叶期（以阔叶草为主，且 4 叶期以下），每公顷用 40％旱草灵 1 025～1 875 毫升或 37％旱草灵 1 500～2 100 毫升、或 24％果尔乳油 720～1 080 毫升、或 37％抑草宁 1 500～2 250毫升，或大蒜播后至立针期，每公顷用 25％恶草灵 1 500～2 100 毫升，兑水 600～900 千克均匀喷雾，要求土壤湿润。果尔和恶草灵用后蒜叶出现褐色或白色的斑点，但 5～7 天即可恢复，对大蒜无不良影响。

⑥地膜覆盖蒜田：在播种、洇水并待水干覆土后，每公顷用 33％除草通 2 250～3 000 毫升、24％果尔 540～600 毫升、或 37％旱草灵 900～960 毫升、3706 抑草灵 1 350 毫升，兑水 750 千克均匀喷雾，然后盖膜。

88. 无污染大蒜生产关键技术有哪些?

①大蒜基地的选择：一是基地周边 3 千米以内无工矿企业、医院等污染源。大气环境质量、

农田灌溉水质、土壤环境质量符合无污染农产品产地和环境质量标准。

二是对基地要进行经常性的环境监测与管理，严格按《农产品基地环境管理办法》的有关规定，防止农业环境污染，保护和改善农田生态环境。

②肥料的科学选用及无害化处理：无污染大蒜生产要求以有机肥为主，化学肥料为辅的原则（有机产品除外），尽可能多地施用充分腐熟的有机肥、微生物肥料、大蒜专用肥，少施或不施化肥，施用化学肥料时要求做到氮磷钾合理施用，防止偏施氮素化肥。

③科学用药，减少残留：在用药剂选择上，应首选生物农药、植物（生物）制剂，其次是选用高效、低毒无毒农药（有机产品除外），禁用高毒高残留化学农药，以减少农药污染。

89. 如何防止大蒜产品的农药污染?

大蒜生长过程中易发生多种病虫及杂草危害。减少农药污染是生产无污染大蒜的重要方面。生产上应注意以下几方面工作：

一是对症用药，在防治病虫害上，首先选用

生物农药、植物制剂等无污染药剂，如苦参碱、烟碱乳油、苦楝素、特立克等。

二是科学用药，尽可能选用高效低（无）毒药剂，并做到交替轮换用药，

三是严格禁用高毒、高残留农药，如呋喃丹、氧化乐果、一六О五等。

四是在大蒜生长期间严格执行农药安全使用间隔期及最多使用次数。

90. 如何防止大蒜产品的肥料污染？

大蒜生育期较长，对各种营养元素的吸收量以氮最多，钾、钙、磷、镁次之。各种营养元素的吸收比例为：氮：磷：钾：钙：镁＝1：0.25～0.35：0.85～0.95：0.5～0.75：0.06。每生产1 300千克大蒜需吸收氮10.8～13.2千克，吸收磷1.53～1.95千克，吸收钾5.75～6.9千克，吸收钙0.9～1.7千克。防止大蒜产品的肥料污染应掌握以有机肥为主，化学肥料为辅的原则，注意以下几点：

一是增施优质有机肥，如土杂肥、圈肥等。农家肥要充分腐熟，做到无病菌、无虫卵、无其他污染物。

二是配方施肥，做到测土配方，合理、科学、平衡施肥。

三是施用大蒜专用肥，高效复合肥及微生物肥料，避免偏施化肥，特别要避免偏施或过量施用氮素化肥。

四是适当进行根外追肥，防止植株早衰。

第二部分 生姜高产栽培技术

91. 我国生姜的栽培现状如何？

生姜属于姜科姜属多年生草本植物，又名姜、黄姜、姜根、地辛、百辣云、勾装指、姜母等；别名干姜、白姜、古名薑。生姜在我国多为一年生栽培，以肉质根茎供食用，具有特殊的芳香和辛辣味，是烹饪中不可缺少的“植物味精”，有“菜中之祖”的美誉，是我国重要的调味蔬菜和出口创汇蔬菜。目前，全国生姜种植面积约为26.6万公顷。山东省是生姜主要产区，年种植面积6万～8万公顷。

92. 生姜起源于哪里？

生姜性喜温暖，不耐寒冷，适应性较强，已广泛栽培于世界各热带、亚热带地区。由于至今尚未发现姜的野生种，因此，对姜的确切起源地仍存有异议。从姜的分布和生物学特性来看，一般多倾向于原产于亚洲较温暖的山区。印度和中国同为世界上最古老的文明中心，也是许多栽培植物的起源地，目前又仍是世界上产姜最多的国家。因此，研究姜的起源问题，首先着眼于亚洲，尤其是中国和印度无疑是较为合理的。

在学界关于姜的起源问题，主要有3种观点：一是认为栽培姜起源于中国古代的黄河流域与长江流域之间的地区；二是认为栽培姜起源于中国云贵及西部高原地区；三是认为起源于东亚的印度和马来半岛。现在都公认为姜起源于亚洲的热带和亚热带地区。

93. 生姜有什么利用价值？

生姜富含多种营养物质和挥发性的姜油、姜辣素等成分，具有特殊的芳香味和辣味，既是人们日常生活中重要的调味品，又是传统的中药材，是集营养、调味、保健于一体的特产创汇蔬菜作物，在国内外市场上有着非常广阔的发展前景。

（1）生姜的食用价值。生姜以肉质根茎供食用，营养丰富，富含蛋白质（1.4%）、脂肪（0.7%）、糖类（8.8%）以及多种维生素和矿物质。可作为一种重要的调味品，同时也可作为蔬菜单独食用，还可将自身的辛辣味和特殊的芳香味渗入到菜肴中，使之鲜美可口，味道清香。生姜具有很高的食用价值，享有“植物味精”、“菜中之祖”的美誉。民间有“饭不香，吃生姜”之说，生姜具有刺激味蕾、增强食欲、增进血液循环、促进新陈代谢等功能，是人们日常生活中不可缺少的重要调味品之一。自古为烹饪必备之物，广泛应用于烹调和食品的加香，有除腥、去臊、去臭等作用，可生食、炒食，也可加工成姜干、糖姜片、咸姜片、姜粉、姜汁、姜酒和糖渍、酱渍等多种食品。

(2)生姜的药用价值。生姜不仅是人们日常生活中的常用调味品，而且也具有很好的药用价值。生姜在我国自古药用，被称为东方药物，民间用生姜治疗或做药引治疗多种疾病的历史源远流长，经久不衰，验方颇多。生姜味辛、性微温、入脾、胃、肺，具有发汗解表、温肺止咳、解毒的功效，主治风寒感冒、胃寒胃痛、呕吐腹泻、鱼蟹中毒等病症，还有醒胃开脾、增进食欲的作用。

生姜是临床上常用的一味中药。早在汉代就有用生姜治病的记载，以后历代有关本草的书中均有大量记载生姜的药用功能及其相关方剂。几千年来，我国人民早已体验到了生姜对强身健体、防病治病、延年益寿的作用。所以民间自古就有“常吃姜，寿而康”、“冬吃萝卜夏吃姜，不用医生开药方”、“男儿不可百日无姜”、“早晨一片姜，胜似服参汤”等诸多箴言流传。

94. 生姜深加工有哪些利用价值?

生姜中的生物活性成分为各种挥发性油以及姜辣素。姜精油与姜油树脂是目前姜的两种重要的深加工产品，统称为姜油，属植物油脂，二者均是从姜中抽提出来的微量、高价的浓缩物质，是姜调味的主要成分，也是医药、食品、化妆品等工业的重要原料。

生姜有辣味源于姜辣素，是姜酚、姜脑等辣味物质的总称。姜辣素的化学性质不稳定，但有很强的对抗脂褐素的作用，具有美容效果。姜精油是从生姜根茎中用水蒸气蒸馏的方法得到的挥发性油分，具有浓郁的芳香气味，在食品工业中有很高的应用价值和发展潜力，主要用于食品和饮料的加香、调味，在冰激凌、糖果及肉制品中也大量使用。姜油树脂是通过溶剂浸提而得到的黄色油状液体，味辣而苦，除作调料外，还可用于开发天然抗氧化剂及医疗保健品。

近年来，国内外相关行业不断改进姜辣素和姜油的提取工艺，在最大程度上保持了生姜原有的生物功能活性，不断研制含有生姜提取物的新型产品，开拓了其在食品、保健领域内的应用范围，如姜汁饮料、姜汁茶、姜醋饮料、姜汁奶制品、姜汁凝乳、生姜风味小食品、姜片等。

95. 我国生姜生产概况如何?

近年来，我国生姜种植面积和总产量均居世界首位，生姜主产区有 8 个，南方有湖南、贵州、广西、四川、湖北 5 个主产区；北方有山东、河南、陕西 3 个主产区。我国生姜种植面积呈逐年增长趋势，2008 年之前，全国主产区生姜种植面积为 150 万～180 万亩。以全国 8 个主产区生姜种植面积和总产量为例，2008 年种植面积为 198 万亩，总产量为 532 万吨；2009 年种植面积为 228 万亩，总产量为 650 万吨；2010 年种植面积为 239 万亩，总产量为 678 万吨；

2011 年种植面积为 286 万亩，总产量为 813 万吨。山东省是我国生姜主要出口基地，以莱芜和安丘为生姜优势产区，生产和加工水平不断提高，其经济效益特别显著。而南方地区出口量很少，主要原因是南方地区生姜主产区种植规模较小，种植基地分散，而且是以生产菜用仔姜为主，不便于贮藏运输和出口。近几年来，南方四川、福建、贵州、江西、安徽等省的生姜产业也得到了长足的发展。

据联合国粮农组织（FAO）公布的数据，2012 年全世界生姜种植面积为 322 157 公顷，有 50 多个国家种植生姜，而生姜进口国则多达 150 多个。其中中国、印度、尼日利亚、印度尼西亚、孟加拉国、巴西等国生姜栽培面积和产量占全世界的 90%以上。中国是最大的生姜生产国和出口国，生姜种植面积和产量占世界 30%～40%。

96. 生姜市场发展前景如何？

目前我国生姜市场销路大致分 4 种，一是国内市场鲜销。生姜的主要用途是作菜用或作调味佐料，80%以上的鲜姜产品均为国内市场鲜销。

二是用作食品加工业的原料或配料。可加工制成腌制姜、酱渍姜、姜干、姜粉、姜汁、姜油、姜酒、糖姜片等多种产品。三是作药用。生姜是我国传统中药，我国中医认为生姜有解毒、散寒、发汗、祛风、温胃、止吐等功效，是良好的健胃、祛寒和发汗剂。四是出口创汇。我国生姜产量大，品质好，价格较低，在国际市场上有很强的竞争力。近年来，我国保鲜生姜及生姜加工制品大量出口日本、韩国及东南亚诸国，年出口量为30万～40万吨。

生姜因其良好的食用和药用价值而得到了广泛利用，生产价值较高。由于生姜有其独特的市场特性，近几年生姜市场行情波动较大，一般价格维持在5～15元/千克。2014年生姜价格一度突破15元/千克，以致新闻媒体出现了“姜你军”的热词。目前我国的蔬菜市场大流通、大循环的格局已经形成，而全国的生姜销售状况，会对每一个局部地区造成影响，甚至会波及到国际生姜市场。

近年来由于发达国家种植生姜的成本增高，面积逐年缩减，生姜消费国纷纷转向中国寻求进口。国际生姜市场需求转旺，交易红火，生姜扩大出口正逢好时机。

97. 生姜有哪些生物学特性?

生姜原产于亚洲和中国热带多雨的森林地带，要求阴湿而温暖的环境。在植物学分类上生姜属于单子叶植物、姜科姜属多年生草本植物；农业生物学分类为蔬菜——薯芋类，多做一年生栽培，收获产品为可供食用的肥大多肉的块根。生姜植株形态直立，分枝性较强，一般每株有10多个丛状分枝，植株开展度较小。主要器官有根、地上茎、根茎、叶及花。

生姜的形态特征如下：

①根的形态特征：姜的根为浅根系，包括纤维根和肉质根，主要根群分布在半径30～40厘米的土层内，其分布依土壤类型不同有深浅差异，土表10厘米以内占总根量的60%～70%。纤维根先从幼芽基部长出不定根，为初生的吸收根，根分枝很少，并形成侧根，逐步形成主要的吸收根系。纤维根的主要功能是吸收水分和溶于水中的矿物质，将水分与矿物质输送到茎，是姜的主要吸收器官。肉质根着生姜母及子姜的茎节

上，较为粗短，不分杈，基本上无根毛，吸收能力差，主要起支撑植株直立和贮存养分的作用。因姜的根系不甚发达，所以，吸收水肥能力较弱，对肥水条件要求比较严格。

②地上茎的形态特征：生姜的茎包括地上茎和地下茎两部分。地上茎直立、绿色，由根茎节上的芽发育而成，为叶鞘所包被，茎高 80～100 厘米。叶鞘除有保护作用外，还可防寒和防止水分散失。随着芽的生长，幼茎形成，幼茎逐渐伸长便形成茎枝。植株长出的第一棵姜苗为主茎，以后发生大量分枝。

③根茎的形态特征：生姜的地下茎为根状茎，简称为根茎。根茎是生姜茎基部膨大形成的地下根状肉质根茎，俗称姜块，也是主要的产品器官或食用器官，是由若干个分枝基部膨大而形成的姜球构成，主要包括种姜和次生姜。种姜播种后腋芽萌发并抽生新苗，形成地上茎的主茎，随着主茎的生长，主茎基部逐渐膨大形成姜母，之后姜母两侧的腋芽萌发并长出 2～4 个姜苗，即为地上茎的一次分枝，随着这些姜苗的生长，其基部逐渐膨大形成“子姜”，子姜上的腋芽继

续发生新苗，其基部膨大生长形成“孙姜”。分枝的基部逐次膨大，形成一个完整的生姜产品。生姜地上茎与地下茎生长有直接关系。就同一品种而言，地上茎分枝越多，长势越好，其单株产量就越高，种植者可通过观察地上茎的长势就能推断出根茎的长势。

④姜叶的形态特征：姜的叶片包括叶片和叶鞘两部分。叶片为披针形，单叶，绿色或深绿色。叶片下部为不闭合的叶鞘，绿色、狭长而抱茎，起支撑和保护作用，亦具一定的光合能力。叶片与叶鞘相连处，有一膜状突出物，即叶舌。叶舌的内侧是出叶孔，新生的叶片都是从出叶孔抽生出来。姜叶互生，叶序为1/2，在茎上排成2列。叶背面主脉稍微隆起，具有横出平行脉。每株姜有16～28片叶，叶柄较短，其功能叶长为20～28厘米不等，宽2～3厘米。

⑤花的形态特征：生姜的花为穗状花序，花茎直立，高约30厘米，花穗长5～7.5厘米，由叠生苞片组成。苞片边缘黄色，每个苞片都包着一个单生的绿色或紫色小花，花瓣紫色，雄蕊6枚，雌蕊1枚。在我国生姜极少开花，在南方大

田或棚室栽培环境下，可偶见开花植株，但很少结实。

生姜各个器官的生长状况与产量有着十分密切的关系。研究资料显示，叶面积、分枝数和根茎鲜重是影响产量的主要因素。因此，在正常情况下，只要生姜地上部生长健壮，叶面积较大，分枝数较多，根系发达，便可望获得较高的产量。由此看来，上述三个因素，可以作为生产上选种、留种的参考指标。

98. 生姜的生长生育周期有哪些？

生姜为无性繁殖蔬菜，播种所用的种子就是根茎。姜的根茎与马铃薯的块茎不同，无自然休眠期，收获之后遇到适宜的环境条件即可发芽。生姜极少开花，其整个生长过程基本上是营养生长的过程，因而其生长虽有明显的阶段性，但划分并不严格。现在生产上多根据其生长特性和生长季节分为发芽期、幼苗期、旺盛生长期和根茎休眠期四个时期。对于出现开花的种质，花穗上始现第一朵花蕾时为花蕾期。由于我国每个生姜产区所处的地理位置不同，无霜期相差很大，生姜生长期的长短也有较大差异，不同生长阶段持续时间亦不同，以华北、华东生姜主产区生产情况为例，简述如下：

①发芽期：从种姜幼芽萌发开始，到第一片姜叶展开，包括催芽和出苗的整个过程，需经过40～50天为发芽期。主要依靠种姜贮藏的养分发芽生长，生长速度慢，生长量很小，只占全期总生长量的0.24%，但却是为后期植株旺盛生长打基础的时期。因此，在栽培上必须注意精选种姜，培育壮芽，加强发芽期管理，为其创造适宜的发芽条件，保证顺利出苗，并使苗全苗旺。

②幼苗期：从展叶开始，到具有两个较大的侧枝，即俗称“三股杈”时期，为幼苗期结束的形态标志，需65～75天。这一时期，由依靠母体营养的异养形式，转变到姜苗能够吸收养分和制造养分，并基本进行独立生活的自养形式。此期，以主茎生长和发根为主，生长速度较慢，生长量也较少，该期生长量约占全期总生长量的1/10。幼苗期生长量虽然较小，但也是为后期产量形成奠定基础的时期，在栽培管理上，应着重提高地温，促进生根，清除杂草，及时进行遮阴，培育好壮苗。

③旺盛生长期：从三股杈以后（北方大约在立秋前后），是地上部茎叶和地下部根茎同时进入旺盛生长时期，直至收获，也是生姜产品形成的主要时期，需70～75天。旺盛生长前期以茎叶生长为主，后期以根茎生长和充实为主。此期植株生长量占总生长量的91.93%。从生长中心来看，此期明显分为2个阶段：9月上旬以前，为盛长前期或称为发棵期，仍然以茎叶生长为主；9月上旬以后，生长中心已转移到根茎，叶片制造的养分，主要输送到根茎中积累起来形成产品，因而此时以养根为主，为盛长后期或称根茎膨大期。在栽培与肥水管理上，盛长前期应加强肥水管理，促进发棵使之形成强大的光合系统，并保持较强的光合能力；在盛长后期，则应促进养分运输和积累，并注意防止茎叶早衰，结合浇水和追肥进行培土，为根茎快速膨大创造有利的生态条件。

④根茎休眠期：生姜原产于热带，具有不耐寒，不耐霜的生物学特性。我国北方地区冬季寒冷，生姜不能在露地越冬，通常在霜期到来之前便收获贮藏，迫使根茎进入休眠，安全越冬，这

种休眠称为强迫休眠。在贮藏过程中，需要保持适宜的温度和湿度，既要防止温度过高，造成根茎发芽，消耗养分；也要防止温度过低，避免根茎遭受冷害或冻害。此外，还应防止空气干燥和虫害，以防根茎干缩，保持根茎新鲜完好，顺利度过休眠时期，待第二年气温回升时，再播种、发芽和生长。

99. 生姜对环境条件有哪些要求？

生姜原产于亚洲热带和亚热带地区，由于长期的生态适应和系统发育的结果，使它形成了诸多与其起源地自然环境相适应的生物学特性。但经过人们长期栽培、选择、驯化和进化，生姜对温度、光照、湿度、土壤等环境条件的适应性不断增强，栽培区域逐渐扩大，所以在中国的南方和北方均可种植生姜。

长期的生产实践证明，生姜的生长与产品的形成，除了取决于其自身的遗传特性外，还与其生态环境密切相关。温度、光照、土壤、营养、水分和空气等主要环境因子之间是互相联系、相互制约，共同作用于生姜的生长发育进程中。同时，生姜的不同生育阶段对环境因素的要求也有差异。因此在栽培上应充分考虑各种环境因子对生姜生长发育的综合影响，采取相应的农业管理措施，趋利避害，以满足生姜生长发育和高产优质的需求。

①生姜对温度的要求：生姜虽然对气候适应性较广，但其亦有自身适宜的温度范围和适应的温度范围。只有在适宜的温度范围内植株才能健壮生长，体内各种生理活动才能正常而又旺盛地进行。因此，在栽培中，必须了解生姜各个生长时期对温度的要求，以便为生姜生长发育创造适温环境条件。

生姜不同生长阶段对温度的要求：生姜属喜温蔬菜，不耐寒冷，不耐霜冻，也不耐炎热。在其生长的各个阶段，对温度的要求也不尽相同。据研究，种姜在 16℃以上便可由休眠状态开始发芽生长。但在 16～17℃条件下发芽速度极慢，发芽期长达 60 天左右；在 16～20℃时，发芽速度仍较缓慢；22～25℃发芽速度较适宜，幼芽也较肥壮，一般经 25 天左右，幼芽便可长达1.5～1.8 厘米，粗 1.0～1.4 厘米，符合播种要求。在 28℃以上高温条件下，发芽虽快，但幼芽往往细弱而不够肥壮。茎叶生长期以 20～28℃较为适宜。在根茎旺盛生长期，为积累大量养分，要求白天和夜间保持一定温差，白天以保持 25℃左右，夜间保持 17～18℃为宜。当温度降至 15℃以下停止生长，茎叶遇霜即枯死。

总体而言，生姜整个生育期内温度不宜超过 35℃或低于 17℃，否则对其生长不利。但随光照、二氧化碳浓度等环境因素变化，其光合作用适宜温度也发生相应变化。

生姜对积温的要求：积温是作物热量需求的重要标志之一，生姜在其生长过程中，不仅要求一定的适宜温度范围，而且还要求一定的积温，才能顺利完成其生长过程并获得较高产量。根据对山东莱芜姜的栽培和气象资料研究分析，其全生长期约需活动积温 3 660℃，需 15℃以上的有效积温 1 215℃。

②生姜对光照的要求：生姜为喜光耐阴作物，在其生长过程中要求中等强度的光照条件。强光对生姜生长的抑制作用主要体现在分枝数、叶面积、根茎重等指标变化上。生姜幼苗在高温强光照射下裸露栽培，常表现为植株矮小、叶片

发黄、分枝少、生长势弱、根茎产量低。所以，自古以来，我国南方和北方生姜栽培均有遮阴管理措施。但苗期雨水过多，光照不足，对姜苗生长也不利。

生姜不同的生长时期对光照要求也不同，生产实践中应采取“变光”措施。发芽时要求黑暗；幼苗时期要求中强光，但不耐强光，在遮阴状态下生长良好；盛长期同化作用较强，因群体大，植株自身互相遮阴，故要求较强光照，以贮存积累更多的光合产物。生姜对日照长短要求不严格，在长、短日照下均可形成根茎，但以自然光照条件下根茎产量最高，日照过长或过短对产量均有影响。

③生姜对水分的要求：生姜为浅根性作物，根系不发达，不能充分利用土壤深层的水分，吸收力较弱。而叶片的保护组织亦不发达，水分蒸发快，因而不耐干旱，对水分要求严格。一般幼苗期生长量少，需水少，盛长期则需大量水分。为了满足其生育之需，要求土壤始终保持湿润，使土壤水分维持在田间最大持水量的70%～80%为适宜。

生姜不耐干旱亦极不耐涝。在干旱条件下虽可存活，但生长不良，产量大减，且根茎纤维增多，品质变劣。同样，土壤水分也不可过多，如果土壤积水，轻则使发芽出苗变慢，根系发育不良，重则引发姜瘟病，引起减产甚至绝产。因此，生姜栽培中应根据其不同生长时期的需水规律，合理供水，保持土壤湿度适宜，并注意雨后及时排除积水防涝。

100. 生姜对土壤有哪些要求？

①生姜对土质的要求：生姜对土壤的适应性较广，对土壤质地要求不甚严格，不论在砂土、壤土或黏土均能正常生长。但不同土质对其产量和品质有不同影响。但以土层深厚、土质疏松肥沃、有机质丰富、通气与排水良好的壤土栽培生姜最为适宜。砂土透气性好，春季地温上升快，有利于早出苗、发苗快，但砂土保水保肥能力差，若生姜生长后期追肥不及时，易脱肥造成盛长期植株长势弱、早衰，降低产量。黏土春季地温上升较慢，因而幼苗生长亦较慢。透气性差，但有机质含量较丰富，保水保肥能力强且肥效持久，到生姜生长后期，仍可为根茎膨大提供充足

的养分，因而产量较高。壤土沙黏适中，即松软透气，又能保水保肥，有利于幼苗生长与根系发育，因而根茎产量高。砂性土壤栽培生姜，其根茎多表现光洁美观，含水量较少，干物质率高。黏性土壤栽培生姜，则根茎含水量较高，质地细嫩。例如山东省莱芜市东汶南村，是远近闻名的种姜专业村，也是名产生姜的栽培中心，生姜产量高，品质好。该村土壤特性是土层深厚，酸碱度适宜，土壤表层沙黏适中，有机质含量较高，松软透气，有利于幼苗生长和根系发育；而土壤下层保水保肥，营养充足，可为生姜生长后期根茎膨大提供充足的养分，非常适宜于栽培生姜，因而根茎产量高。

不同的土质不仅影响生姜根茎的商品质量，对根茎的营养品质亦有一定影响。黏壤土所生产的姜，干物质含量较砂壤土和轻壤土低，可溶性糖、维生素 C 和挥发油的含量则显著高于砂壤土和轻壤土，3 种土质生产的姜，淀粉和纤维素的含量无显著差异。

②生姜对土壤酸碱度的要求：土壤酸碱性对生姜茎叶和地下根茎的生长有显著的影响。生姜

喜中性和微碱性环境，不耐强酸及强碱，但生姜对土壤酸碱度的适应性较强，在 pH4～9 的范围内，对幼苗生长无大影响。试验结果表明，在茎叶旺盛生长期则以 pH5～7 的条件下为最适宜，其中以 pH 为 6 时，根茎生长最好。当 pH 为 8 以上时，叶片发黄，长势不旺，根茎发育不良。盐碱涝洼地不适宜于种生姜。如果要在盐碱地上种植生姜，需先进行土壤改良，把土壤酸碱度调整到适合于生姜生长的范围内，才能使姜苗生长良好。

101. 生姜对矿质营养有哪些要求？

①生姜对土壤肥力的要求：生姜为浅根系蔬菜，根系不甚发达，能够伸入到土壤深层的吸收根很少，其吸收能力较弱，因而对土壤营养条件要求比较严格。另外，生姜为喜肥耐肥作物，其植株较大，分枝较多，生长期较长，所以全生长期需肥量较大。在生姜产区的高产田块，一般都具备土壤肥力高，肥水充足的基本条件，植株生长茂盛，生长势强，根茎产量在 45 000 千克/公顷以上；一般土壤肥力低，施肥不足，营养缺乏，植株矮小，生长势弱，根茎产量在 22 500

千克/公顷以下，可见，土壤供肥状况对生姜产量影响显著。

②生姜各生育期对养分的吸收规律：生姜在生长过程中，对矿质元素的吸收动态，与植株鲜重的增长动态是一致的。据试验，在中等肥水条件和每公顷产量 34 200 千克的水平下，每生产1 000千克鲜姜吸收纯氮（N）10.4 千克、磷（P_2O_5）2.64 千克、钾（K_2O）13.58 千克。氮、磷、钾的比例为3.9∶1∶5.1，以生姜形成1 000千克产品所吸收的氮磷钾数量与其他蔬菜比较，生姜对营养条件的要求是比较高的。

生姜不同的发育时期对养分的吸收各不相同，幼苗期生长缓慢，生长量很小，因而吸收氮磷钾的数量较少；“三股杈”时期及根茎膨大期以后生长旺盛，吸肥量增多。后期应加强肥水管理，防止植株脱肥早衰，对生姜增产具有重要作用。

③生姜对养分的需求量与比例：生姜的全生长期吸收钾最多，氮次之，磷最少，约占氮、钾的 1/4，氮、磷、钾的比例，大致为氮（N）38％～42％；磷（P_2O_5）10％～12.5％；钾

(K_2O) 46%～49%。

④生姜需要多种矿质营养：生姜要求矿质营养全面，不仅需要氮、磷、钾、钙、镁等元素，还需要锌、硼等多种微量元素。各种营养元素都有各自的营养功能，其他元素不能代替。因此，在生姜栽培中应根据生姜的需肥规律，土壤总养分和肥料效应，按照有机肥和无机肥、基肥和追肥相结合的原则，平衡施肥，需要施用完全肥，方能获得生姜的高产与优质。如果缺少某种元素，不仅会影响植株的生长和根茎的产量，而且也会影响产品的营养品质。据试验，在施用完全肥时，生姜植株生长茂盛而高大，茎秆较粗，分枝多而叶面积大，同时产量高质量好，产量可高达 48 700 千克/公顷；而缺氮、缺磷和缺钾的地块，产量均明显降低，尤其是在缺氮和缺钾时，产量会大幅度下降，每公顷产量仅分别为施用完全肥料的 61.5%和 58.2%，而且产品中各种营养成分也明显降低。另外，生姜对各种养分的需求都有一个适量范围，并不是施肥越多越好。若施肥过量，造成植株奢侈吸收而导致根茎减产，品质变劣，不仅浪费肥料，还会污染环境，得不

偿失。

102. 生姜露地高产栽培有哪些关键技术？

露地栽培是目前生姜栽培的主要方式。

（1）栽培季节。生姜起源于南方热带雨林地区，经初期的系统发育形成了喜温暖、不耐寒、不耐霜的特性，所以必须要将生姜的整个生长期安排在温暖无霜季节栽培。确定生姜播种期的原则是：一是需在断霜后，地温稳定在 15℃以上时播种；二是从出苗至初霜适于生姜生长的天数应在 135～150 天以上，生长期间 15℃以上有效积温达1 200～1 300℃以上，尤其是根茎旺盛生长期，要有一定日数的最适温度，才可获得较高的产量；三是把根茎形成期安排在昼夜温差大而温度又适宜的月份里，以利于根茎的形成，并在初霜到来前收获。

我国地域辽阔，各地气候条件差异很大，满足上述条件的时间亦有较大差别，因而各生姜产区适宜的播种期各不相同。在我国生姜的播期从南向北逐渐推迟。如广东、广西等地，全年气候温暖，冬季无霜，播种期不甚严格，1～4 月均可；长江流域各地露地栽培一般于谷雨前后播种；华北一带多在立夏至小满播种；我国东北、西北高寒地区无霜期过短，露地条件下不适宜于种植生姜。

根据上述要求，播种原则是在适宜的播种季节内，以适当早播为好，播种越迟，产量越低。在我国大部分有霜冻地区应适时播种，不可过早或过晚。播种过早，因地温低，热量不足，播种后种姜迟迟不能发芽，极易导致烂种或死苗；播种过晚，则出苗延迟，缩短生长期，降低产量。

现在有些生姜产区采用塑料大、中棚、地膜覆盖等保护措施栽培生姜，可以适当提早播种或延迟收获，从而延长生姜生长期，收到显著增产效果。

（2）选种姜、培育壮芽。

①选种姜：种用生姜应在头年从生长健壮、无病并具有本品种特征的高产地块选留。收获后选择肥壮、芽头饱满、个头大小均匀、颜色鲜亮、无病虫伤疤的姜块贮藏。在无霜的华南地区，则在播种前从地内挖出后即可选择。

②培育壮芽：培育壮芽是获得生姜丰产的首要生产环节。壮芽从其形态上看，芽身粗壮，顶

部钝圆；弱芽则芽身细长，芽顶细尖。生姜种芽强弱与种姜的营养状况，种芽着生位置以及催芽温度与湿度有关。

种姜的营养状况：俗话说“母壮子肥”。在一般情况下，凡种姜肥胖鲜亮者，因其营养状况好，发出的幼芽多数比较肥壮；而种姜瘦弱干瘪的，其营养差，新长的芽多数瘦弱。

种芽着生位置：由于顶端优势，种姜的上部芽及外侧芽多数为肥壮，而基部芽及内侧芽往往细弱。

催芽温度与湿度：22～25℃适温条件下催芽，新生幼芽肥胖健壮，若催芽温度过高，长时间处在28℃以上，新长的幼芽瘦弱细长。催芽期间湿度过低（主要是晒种姜过度，引起种姜失水过多所致），种芽往往瘦弱。

③培育壮芽的方法：包括选种、晒姜与困姜、催芽等。

选种：应选择姜块肥大丰满、皮色光亮、肉质新鲜、不干缩、不腐烂、未受冻、质地硬、无病虫害的健康姜块做种用，严格淘汰姜块瘦弱干瘪、肉质变褐及发软的种姜。

晒姜与困姜：与播种前1个月左右（南方在春分前后，北方多在清明前后），从贮藏窖中取出种姜，用清水洗净泥土，平铺在室外干净地上或草席上晾晒1～2天，傍晚收进室内，以防夜间受冻。通过晒种，可提高姜块温度，打破休眠，促进发芽，并减少姜块中水分，防止腐烂。晒种后还有使病姜干缩变褐症状明显，便于及时淘汰。

晒晾1～2天后，再把姜块置于室内堆放3～4天，姜堆上盖以草帘，促进种姜内养分分解，叫做“困姜”。经过2～3次的晒姜与困姜便可以进行催芽。

催芽：催芽可促使种姜幼芽尽快萌发，使种植后出苗快而整齐，相对延长生长期，因而是一项很重要的技术措施。我国南方温暖地区，种姜出窖后，多已出芽，可不经过催芽即可播种。而北方多数产姜区春季仍低温多雨，种姜必须进行催芽。催芽的过程，北方姜农称“炕姜芽”，多在谷雨前后进行。

催芽的方法较多，可以因地制宜，加以采用。无论何种催法，都须先将种姜进行预温。即在最后一天晒姜时，于下午趁热将种姜选好收回，置于室内堆放3～4天，下垫干草，上盖草帘，保持11～16℃，促进种姜内养分转化分解，随即移至催芽场所进行催芽。在催芽的过程中控制好温度是培育壮芽的关键。常用的催芽方法有室内催芽、池催芽，室外土炕催芽，熏烟催芽，阳畦（冷床）催芽等。现介绍阳畦催芽的做法如下：

随着保护地蔬菜的发展，各地阳畦扩建面积很大，如湖南衡阳与四川成都等地的姜农利用阳畦进行催芽。具体做法是选避风向阳地点，挖筑似果菜类育苗的冷床，按东西挖筑床框，框口北高南低，东西两侧由北向南倾斜，床深25～30厘米，将床底土壤耧平。铺干稻草厚5～8厘米，放入种姜厚25厘米左右，上盖干稻草一层，保持黑暗，即在框口架放细竹，再在其上覆盖透明塑料薄膜，白天晒暖，夜晚盖草帘保温，床温超过25℃时，适当揭开薄膜通风降温，使床温保持比较稳定。

近几年来，也有利用塑料大、中棚或果菜类蔬菜育苗床进行催芽。

103. 露地栽培生姜如何进行整地与施肥?

地块选择：由于生姜的根系不发达，在土壤中分布很浅，吸肥吸水能力差，既不耐旱又不耐涝，因而选择姜田时应选地势较高、土层深厚、含有机质较多、灌溉排水两便的沙壤土、壤土或黏壤土田块栽培，其中以沙壤土为最好，对土壤酸碱度的要求为微酸到中性，碱性土壤不宜栽培。有条件的地方，最好实行3～4年以上轮作。如果近2～3年内发生过姜瘟病的地块则不能种姜。

整地施肥：姜田选定后，在前茬作物收获后进行秋耕晒垡（南方为冬季），经冬季雨雪风化后，可以改善土壤结构，增加有效养分含量。第二年土壤解冻后细耙1～2遍，并结合耙地施入大量农家肥，一般每公顷施用优质腐熟有机肥45 000千克、过磷酸钙750千克、硫酸钾750千克或腐熟厩肥75 000千克/公顷，增施草木灰2 250千克/公顷。2/3的肥料结合整地撒施，1/3的肥料以沟施为宜。在南方冬季可种植紫云英绿肥，第二年春季翻压做基肥，配合施用氮磷钾三元复合肥1 500千克/公顷。一般采用平畦播种或开沟播种。如果肥料不足，可在播种沟内集中施肥。

耙细作畦与施肥：土壤要求深耕20～30厘米，并反复耕耖，充分晒垡。然后耙细作畦。作畦形式因地区而异。长江流域及其以南地区，夏季多雨，宜作深沟高畦，畦南北向。畦长不超过15米，如田块较长，则在田中开腰沟。畦宽1.2米左右，畦沟宽35～40厘米，沟深12～15厘米。并要三沟配套，排水畅通。并在畦上按行距55厘米左右开东向西种植沟，沟深10～13厘米。南方种姜的施肥方式多采用“盖粪方式”，即在种植沟内先摆放姜种，然后盖上一薄层细土，再条施充分腐熟的厩肥或粪肥，每公顷30 000～37 500千克、饼肥1 025千克、草木灰1 025千克左右或少许化肥，最后盖土厚约2厘米左右即可。华北地区，夏季少雨，一般采用平畦种植，只在大田四周开围沟，在超过20米以上的长形田块开腰沟。田内种植沟的开法和施基肥等项仍与南方大致相同。

北方姜区种姜有集中施用豆饼的习惯，即先在开好的沟内沿姜沟南侧（东西向沟）开一小沟，叫施肥沟，再将粉碎的饼肥集中施入沟内。一般肥料用量，每公顷施用饼肥1 025～1 500千克、尿素375千克、过磷酸钙375千克、硫酸钾375千克或直接施入氮、磷、钾复合肥750千克。

104. 生姜播种有哪些关键技术？

根据发芽所需的温度，在深度10厘米内地温稳定在16℃以上时即可播种，确保生姜适宜生长期在135天以上。北方地区露地栽培一般于4月下旬播种，宜选晴暖天气进行。

掰选姜种：播前，把已催好芽的大姜块掰成70～80克重的小种块，每个种块选留1～2个肥胖的幼芽，其余芽除掉，以便使养分集中供应主芽，保证苗壮苗旺。掰姜的过程实际上又进行了块选和芽选。种块越大，出苗越早，姜苗生长越旺，产量也越高。

浇底水：因生姜发芽慢，出苗时间长，如种植时天气干旱，土壤水分不足，会影响幼芽的出土与生长。为保证幼芽顺利出土，必须在播种前浇透底水。浇底水需提前一天在种植沟中施肥后，于播种前1～2小时浇水，待水渗下后才可种植，否则姜垄太湿，不便于下地操作。

摆放种姜与覆土：排放种姜时，按株距20厘米左右逐一排放于种植沟内，姜芽一律朝南，并稍将芽头下揿，使姜块略向南倾斜，以便将来采收娘姜。随即盖厚4～5厘米的细土。

播种量与种植密度：生姜的播种量受姜块大小和种植密度的影响，是姜农尤其是新发展区姜农关心的主要问题。一般高产优质栽培，用种量大，行距50厘米、株距20厘米，每公顷用种量6 000千克左右；若一般地块或新发展姜区，用种量可略少，但每公顷不能低于4 500千克。生产实践证明，用种量大，虽然当时投资大些，但是姜种不烂，还可回收，故消耗性投入并不高，尽量用适当大的姜块做种，有利于丰产丰收，效益高。种植密度：在我国南方地区一般每公顷60 000～75 000株、用种量4 500～6 000千克。

地膜覆盖：生姜不耐霜冻，露地栽培的生姜生长期较短是限制其根茎产量提高的重要因素之一。自从20世纪80年代开始，地膜覆盖开始陆续应用于生姜的栽培生产。其优点是生姜不仅可以提早播种，延长生育期，提高产量，而且还能增温保湿，抑制杂草的生长，减少中耕次数，省工省力，降低生产成本。

覆膜方法：生姜播种覆土后，趁土壤湿润时喷施除草剂，喷药后将透明地膜拉紧盖于沟两侧的垄上，地膜边上用土压紧。待种姜出苗后，膜下幼苗长至1～2厘米时，及时将幼苗上方的地膜划破，放苗出膜，并将幼苗孔周围用细土盖好，保温保湿。一般与6月下旬撤去地膜。

105. 生姜田间肥水管理有哪些关键技术？

（1）追肥的原则。生姜生长期较长，喜肥极耐肥，在一定的施肥量范围内，施肥量与根茎产量成正相关。除施足基肥外，还必须多次追肥，才能满足生姜生长对养分的需求。生姜的根系不发达，在土壤中吸收养分的能力较弱。一般苗期的需肥量较少，在形成3个分枝后，肥水需求量逐步增加，因此，生姜追肥的原则是前轻后重，少量分次追肥，氮、磷、钾及中、微量元素合理搭配。切忌前重后轻，否则造成前期姜苗易徒长，后期植株易脱肥，枯黄早衰，降低产量。生姜追肥应优先选择肥效完全而持久的饼肥，忌用新鲜的或没有充分腐熟的粪肥，否则会发生严重病害。追肥的种类与生姜产品用途有关。如果用来作干姜产品时，在生姜旺盛生长期中宜多追施有机肥与草木灰；如果主要用作嫩姜鲜食，则可较多施用氮肥。但要特别注意氮、磷、钾及中、微量元素肥料的平衡施用，忌偏施氮肥，以防植株徒长。

（2）追肥的关键技术。

① 轻施壮苗肥：生姜极耐肥，除施足基肥外，应多次追肥。发芽期主要靠种姜养分生长，不需追肥。幼苗期生长时间较长，需肥量虽不多，但为促进幼苗生长健壮，应追施一次壮苗肥，即在姜苗出齐后随水冲施腐熟人粪尿7 500～15 000千克/公顷或尿素150千克/公顷。

②巧施催子肥：在收取种姜后进行，称为催子肥，施肥量比壮苗肥增加30%～50%，仍以氮肥为主，追施豆饼1 500～2 250千克/公顷或腐熟厩肥15 000千克/公顷，追肥时雨水已较多，可在距植株10～12厘米处开穴，将肥料点施盖土。如姜田基肥充足，植株生长旺盛，表现无脱肥现象，这次追肥可以不施或少施，以免引

起植株徒长。

③ 重施转折肥：立秋前后姜苗处在三股杈阶段，是生长的转折期，也是吸收养分变化的转折期。自此以后，植株生长加快，并大量积累养分形成产品器官，因此，对肥水需求量增大。为确保根茎高产，于立秋前后应追施“转折肥”，可结合拔除姜的遮阳物和中耕除草，追施腐熟的厩肥 45 000～60 000 千克/公顷或腐熟的豆饼 1 050～1 200 千克/公顷，并配施三元复合肥 225～300 千克/公顷或尿素 300 千克/公顷、磷酸二铵 450 千克/公顷、硫酸钾 750 千克/公顷。在姜苗北侧距植株基部大约 15 厘米处开一条施肥沟，将肥料撒入沟中并与土壤混匀，而后覆土封沟即可。

④补施根茎膨大肥：在北方 9 月上旬，当生姜植株长出 6～8 个分枝时，根茎正进入旺盛生长期，为促进姜块膨大，防止早衰，追施一次根茎膨大肥或称为“补充肥”、“壮姜肥”。特别是对于植株生长势较弱的姜田及土壤肥力较差的地块，此期可追施速效化肥，尤其是钾肥和氮肥，以保证根茎膨大所需的养分。一般追施氮、磷、

钾三元复合肥 375～450 千克/公顷或硫酸铵 375～450 千克/公顷、硫酸钾 375 千克/公顷。对于土壤肥力较高、植株长势强的姜田，则应酌情少施或不施氮肥，以防茎叶徒长而影响养分的积累。

（3）各产姜地区追肥技术存在的差异。在南方雨水充沛的生姜产区，为防止养分渗漏与流失，多采用少吃多餐的方式分期分次追肥。如安徽、江苏等地的产姜区，一般在姜苗高 8～10 厘米时施第一次追肥，即提苗肥，尿素 150～375 千克/公顷或人粪尿 15 000 千克/公顷；第二次追肥即壮苗肥，追施菜籽饼肥 600 千克/公顷；第三次追肥即“催子肥”，追施腐熟菜籽饼肥 180 千克/公顷、灰粪 60 000 千克/公顷，施后用湖草或牛栏粪覆盖保湿。第四次、第五次追肥，即壮姜肥，分别在 7 月下旬和 8 月下旬追施，主要作用是促进根茎快速膨大。

在湖南、湖北等地，有的姜农在姜苗高约 15 厘米左右时就开始追肥，此后每隔 20 天左右追肥一次，共追肥 3～4 次，习惯施用人畜粪尿肥 75 000 千克/公顷左右。还有的姜农，视苗情追肥，即在姜苗缺肥发黄时，施用尿素和腐熟的人粪尿兑水浇施。采用此种方法追肥，应特别注意肥料浓度不可过高，不可浇在叶片上，以防烧伤茎叶和根系。

追肥种类：由于生姜需要完全肥料，因此施肥时宜按生姜吸收氮、磷、钾、钙、镁、硼、锌等元素的比例，合理施用各种肥料，才能使生姜获得全面的营养，防止偏施某种肥料或缺少某种肥料而发生营养失调病症。

在生产实践中要根据不同的栽培目的，因地制宜地调配追肥的肥料比例。如以收获嫩姜鲜食为主时，可适当多施一点氮肥，促使根茎鲜肥细嫩，纤维含量低，辛辣味淡，很适于菜食；以收获老姜为主时，宜在适量追施氮肥的前提下，增施磷肥、钾肥，使根茎的辛辣味更浓郁，适于做调料或制作姜干。

施肥种类既影响生姜的产量又影响其品质。例如山东省莱芜生姜产区的姜农喜欢施用饼肥作基肥和追肥，或用饼肥加炕土或用煮熟的黑豆拌入草木灰后施入姜沟作基肥，其养分全面而肥效持久，同时可补充土壤有效钾的含量，具有改善生姜品质的重要作用。实践证明，施用饼肥的生姜根茎，挥发油、维生素 C、可溶性糖和纤维素的含量均有明显提高，而单施碳酸氢铵的姜产品，其营养品质明显下降。

施肥水平：生姜属于耐肥蔬菜，要求营养全面而又丰富，无论哪一种肥料不足，均会对其生长发育和产量的形成造成不良影响。例如生姜专家徐坤等在 2003 年采用二次饱和-D 最优试验设计方案，研究了高肥水条件下，生姜产量与氮、磷、钾肥用量之间的关系，试验结果表明，氮、磷、钾肥的用量分别在 829.5 千克/公顷、430.5 千克/公顷、108.0 千克/公顷范围内，生姜根茎的产量随施肥量的增加而增加，超过该施肥量后，则产量降低。研究资料证明，在综合施肥条件下，生姜根茎产量达 60 000 千克/公顷以上的氮、磷、钾施用量分别为 657.0～847.6 千克/公顷、345 ～ 468.0 千克/公顷、847.6 ～ 1 228.5 千克/公顷．此研究结果还表明，当某种营养元素缺乏时，就会成为生姜产量提高的限制因素，只有在增施该元素后才会有明显的增产效果，但是施肥量一定要适宜，千万不可过量。

追施微量元素肥料：在生姜生长期间，除了需要氮磷钾等大量元素外，还有许多微量元素是不可缺少的。我国南方和北方有的姜区土壤不同程度缺乏锌、硼、铁等微量元素，适当增施铁、锌、硼等微量元素肥料，对生姜根茎产量有明显的增产效果。通常锌肥和硼肥作基肥施用，同时还可作叶面喷施。

在缺锌的姜田，锌肥作基肥时，一般追施硫酸锌15～30千克/公顷。由于锌肥用量很少，可与细土或细碎的有机肥料均匀混合后，播种时施在种植沟内，使其充分与土壤混匀即可。如作叶面喷施，其适宜施用浓度范围为0.05%～0.3%，以0.1%较适宜。可分别于幼苗期和根茎膨大期喷施，共喷2～3次，效果较理想。

在缺硼的姜田施硼肥作基肥时，一般硼砂用量为7.5～15千克/公顷，与有机肥或细土拌匀施入播种沟内，尽量再与土壤混匀即可。叶面喷施硼砂浓度为0.05%～0.1%，以每公顷喷施450～675千克硼砂溶液较适宜。可于幼苗期、发棵期、根茎膨大前期或中期喷施，施用硼肥时应严格掌握用量，以免施用过量造成肥害。

106. 生姜培土有哪些技术要求？

生姜根茎在土壤里生长，要求黑暗和湿润的环境条件。为了防止根茎膨大时露出地面，需要及时进行培土。山东各姜区，一般在立秋前后，结合追肥和除草进行第一次培土，把沟背上的土培在植株的基部变沟为垄，培土厚度3～6厘米；此后，每隔15～20天，结合浇水、追肥进行第二次、第三次培土，逐渐把垄面培宽培厚，勿使根茎露土，为根茎生长创造适宜的条件。

南方姜区，一般从夏至收娘姜开始，结合中耕除草和追肥进行培土，共培土3～4次，埂子姜需要培土4～5次。如安徽铜陵姜区，一般于收娘姜后结合锄地进行第一次培土，7～10天后再培高10厘米，半月后进行第三次培土。最后一次培土结束时，要求培成18～20厘米高的土埂。若收嫩姜，培土应高一些，主要起软化作用。若收干姜，则培土宜浅一些，使根茎粗壮。每次培土时均需注意不能伤根和伤苗，每次培土厚度不宜过深或过浅，因培土过厚，姜块细长；培土过浅，姜块粗而短。

107. 生姜富硒高效施肥技术有哪些？

①硒元素对人体的作用：硒是人体必需的微量元素，是部分重金属元素的天然解毒剂，能有效提高人体的免疫机能，在防癌、抗癌方面发挥重要作用。

②富硒生姜标准：经检测，生姜中硒的含量大于或等于 10 微克/千克时为富硒生姜。

③生姜喷施硒肥：富硒姜的生长过程中，可选用有机硒叶面肥进行喷施，要求硒元素含量不低于 1.5%，市面上销售的富硒肥料很多，如“锌硒葆”等。一般在生姜旺盛生长期施用，每 10 天喷施 1 次，共喷 3 次。喷前在硒肥液中添加适量有机硅展着剂或中性洗衣粉，可提高喷施效果。硒肥可与酸性、中性农药配施，但不宜与碱性农药混合施用。

④喷施时间：可在清晨和傍晚气温较低时进行喷施，高温条件下不宜喷施。若喷施硒肥后 4 天内遇大雨冲洗，应补喷一次。采收前 20 天一定要停止喷施硒肥。

⑤根施硒肥：生产上可以结合其他肥料的施用或结合浇水，根施纳米硒植物营养剂（主要成

分为亚硒酸钠），通过生姜的光合作用，将纳米硒吸收并转化为安全的生物有机硒，从而提高了生姜硒含量。

108. 生姜保护地高产栽培关键技术有哪些?

我国北方地区由于无霜期相对较短，在一定程度上限制了生姜的生长和产量的进一步提高。因此，生姜采取保护地栽培，实行春早播、秋延迟收获的技术措施，可以延长生姜的生长期，在生育期内有效积温增加，可极大提高生姜产量，并可避免生姜集中上市，对于平衡生姜市场供应，增加种植效益具有重要作用，近几年来日益受到重视。

生姜保护地栽培与常规露地栽培高效施肥技术基本相同，但是保护地栽培的环境调控以及土、肥、水管理技术又与露地栽培存有差异。

①提早播种：生姜的生长期与产量关系极为密切，生长期越长，产量越高。因此，保护地提早播种是获得生姜高产的关键。根据近年来的生产实践，华北地区生姜的播种期：地膜覆盖栽培可在4月上、中旬，大棚覆盖栽培在3月中、下旬，大棚内地膜覆盖加扣小拱棚三膜覆盖栽培在

3月上旬，日光温室栽培在2月下旬。

②加温催芽：生姜提早播种必然要提早催芽，且催芽时间比播期提早25天左右，因催芽期温度尚低，难于保证幼芽在适期萌发，故应采用加温方法催芽。生姜加温催芽的方法较多，常用的有火炕催芽法、电热温床催芽法和电热毯催芽法。

火炕催芽要求催芽前建造火炕。选背风向阳处（最好紧靠东西墙南侧），先砌长2～3米、宽1.5米、高0.4～0.5米的池子，池内用土坯建成“迷宫”型火道，池的南侧开宽30厘米、高40厘米左右的烧火口，池顶用土坯墁好，在池的四角各建1个高出池顶1.5米、内径10厘米左右并与火道相通的烟囱，烟囱之间砌高1米左右的墙。点火后若四角烟囱出烟量相近，则说明建造良好；若有不出烟的烟囱，应找出原因，并加以改建。姜种上炕前的处理与露地栽培相同。在排姜种前先在炕中间竖2～3个草把子，以利于散热散湿及测温。炕底铺1层15厘米厚的麦穰，其上放姜25厘米左右，隔1层麦穰后再放姜，共放3层。顶部盖10厘米左右麦穰后，用泥封严。此后每天早晚在烧火口点火，但不能用大火，以暗火最佳。其间保持姜池内温度25～30℃，待姜芽萌动时，保持温度22～25℃，姜芽长达1厘米左右时即可播种。

生姜也可采用回龙火炕、电热温床及电热毯催芽。其温度管理与迷宫火炕相同。利用电热温床及电热毯催芽时，姜种排放高度在50厘米以内为佳，中间不需隔麦穰。

③重施基肥：保护地栽培生姜，生长期长，单株生长量大，对肥料的吸收量大，再加上覆盖栽培追肥不便，因此应加大基肥施用量，重施有机肥。小拱棚可结合整地普施优质农家肥。一般施充分腐熟鸡粪90 000～120 000千克/公顷。深翻后，开沟起垄，在沟底施入饼肥1 500千克、过磷酸钙1 500千克、尿素750千克、硫酸钾375千克，或复合肥1 500千克。塑料大棚一般冬前每公顷基施充分腐熟的鸡粪45～60米^3，播种时再沟施腐熟的农家肥3 000千克、复合肥750千克。为防止地下害虫，可一并施入辛硫磷颗粒剂，30～45千克。

④宽垄稀播：为充分发挥保护地生姜生长期

长的优势，以发展单株，扩大群体，进而在提高产量的同时，提高商品品质，保护地栽培生姜的密度应小于露地栽培。种植大姜以行距60～70厘米、株距20～25厘米，每公顷栽植75 000株左右为宜；种植小姜以行距60厘米、株距18～20厘米，每公顷栽植82 500～90 000株为宜。播种前1小时浇足底水，平播法播种，播种后覆土4～5厘米，而后耙平土面。

⑤除草覆盖：生姜保护地栽培，尤其地膜覆盖栽培难于除草，因此保护地栽培生姜均应在播种后、盖膜前严格施用除草剂（除草剂的施用种类及方法可参考露地栽培有关内容）。但必须注意，因保护地栽培播期早，温度低，故除草剂的用量应适当加大，喷洒除草剂时应仔细，不留死角。喷施除草剂后，先盖地膜。为提高地膜效应，可选用宽幅地膜，一次覆盖2～4沟，两边压实，中间隔一定距离压一小堆土。大棚栽培最好在生姜整地后播种前，提早5～7天盖棚，以利于地温提高。若不能提早盖棚，则应在盖地膜后及时盖棚。

⑥温光调节：大棚生姜栽培的温度，一般要

求播后出苗前保持25～30℃。为促进早出苗，应尽可能提高地温，因此不必进行通风。生姜出苗后，应严格温度管理，使白天温度保持在22～28℃，勿高于30℃，夜间温度保持在15～18℃，勿低于13℃。光照的调节主要靠棚膜挡光，撤膜前无需进行专门的遮光处理。至6月上中旬，气温高时，可撤膜换上遮阳网（透光率50%），也可继续利用棚膜作遮阴物，但必须对顶部与基部进行大通风。

地膜覆盖生姜栽培，对顶土时的生姜幼芽，要进行破膜处理，以防高温灼伤幼芽。其光照的调节与露地栽培相同。

气体调节：生姜保护地栽培，室内气体应根据实际情况进行适度调节，才能使生姜高产优质。调控室内二氧化碳含量非常重要。具体措施：一是利用通风换气提高二氧化碳含量；二是增施腐熟的有机肥料，切忌施用没有发酵的新鲜农家肥；三是利用化学反应产生二氧化碳气体等。土壤消毒后应把有毒气体排放干净，一定要防止有害气体的毒害，应选农用无毒塑料薄膜。

⑦肥水管理：生姜保护地栽培，地面的水分

蒸发量降低，故浇水次数较露地减少。一般出苗前为防止地温降低，不得浇水；出苗后浇1次透水，之后始终保持地面湿润。待7月中旬撤除地膜及棚膜后，其管理方法与露地相同。

生姜保护地栽培因生长期延长，姜苗提早生长，追肥也应适当较露地提早，一般提苗肥可在6月上旬结合浇水，顺水冲施少量氮肥尿素150千克/公顷。至7月初再冲施同量尿素。大追肥也应比露地栽培提早进行，一般在7月下旬撤除地膜，先划锄松土，晾晒2～3天后，开沟施肥，追肥量与露地相同，之后的管理可参考露地栽培进行。

⑧及时扣膜延迟收获：生姜保护地栽培可在10月上旬扣膜，进行延迟生产。扣棚后，白天温度控制在25～30℃，夜间15～18℃，延迟生姜的收获期，一般掌握在11月上、中旬收获为宜。当棚室内白天温度低于15℃，夜间低于5℃时，生姜生长停止，应及时收获。收获时选择晴天中午前后温度较高时进行，以防姜块受冻。

109. 生姜营养失调的病害有哪些？

在肥料三要素中缺氮影响最大，钾次之，缺

磷影响最小。如以施用完全肥料的植株生物量作为100，缺氮者地上部茎叶为63，地下部根茎为58；缺钾者分别为73和77；缺磷者差异不大。

缺氮植株小，叶薄，色黄绿，生长势弱，分枝少，根茎小，且挥发油、维生素C、糖分含量下降；缺磷植株矮小，叶色暗绿，根茎发育不良；钾肥能促进光合作用和酶的活性，增进糖分运输，缺钾时影响产量和品质。

110. 生姜病虫害无公害综合防治关键技术有哪些？

生姜的无公害生产，应按照"预防为主，综合防治"的原则，采用农业防治、生物防治、物理防治，合理使用化学防治，不准使用国家明令禁止的高毒、高残留、高生物富集性、高三致（致畸、致癌、致突变）农药及混配农药。

生姜的主要病害有：姜腐烂病、姜斑点病、姜炭疽病等。主要虫害有：姜螟、小地老虎、异形眼蕈蚊、姜弄蝶等。

（1）农业防治措施。

①合理轮作：实行2～3年轮作，避免连作或前茬为番茄、辣椒、茄子、马铃薯等茄科植

物，尤其是发生过青枯病的地块不宜种姜。

②严格选种：生姜收获前，先在姜田里选择无病的健壮植株留种，收获后单独贮藏，在第二年催芽前再严格选种，杜绝姜种带病隐患。

③加强农业管理措施：精选适种生姜的土壤，姜田地势高燥、排水畅通的壤土；严格选种，严控施肥与浇水的数量与质量，尽量做到平衡施肥，合理浇水。最好浇灌用井水或干净的水，杜绝浇有毒害的污水。及时清除病株残体，集中烧毁，然后将病株周围 0.5 米以内的健康植株一并拔除，并及时挖除带病土壤，在病穴内及其周围撒上消石灰进行消毒。每穴撒施石灰 1 千克，并用无菌土壤掩埋，还要立刻改变浇水的渠道，防止病害蔓延传播。人工摘除虫苞。清除田埂、路边及姜田周围的杂草，消除害虫产卵场所，消灭虫卵及幼虫。

（2）生物防治措施。

①保护和利用自然天敌：在应用化学药物防治病虫害时，尽量使用对害虫选择性强的药剂，避免或减轻对天敌的杀伤作用。

②释放天敌：有条件时可在姜螟或姜弄蝶产

卵的始盛期和盛期释放赤眼蜂，或在卵孵盛期前后喷洒苏云金杆菌制剂2～3次，每次间隔5～7天。

③选用生物源药剂：在防治姜瘟病、姜腐烂病、姜螟等病虫害时，尽量使用低毒高效的生物药剂，如硫酸链霉素、苦参碱、草木灰等。不准使用在无公害蔬菜生产上禁用的高毒残留期长的化学药剂。

（3）物理防治措施。根据害虫生物学特性，采用杀虫灯、黑光灯、糖醋液等方法诱杀甜菜夜蛾、地老虎等害虫，使用防虫网隔绝虫源，人工扑杀害虫。

111. 如何识别和有效防治姜瘟病?

姜瘟病又称腐烂病、青枯病、软脚病，是生姜种植过程中发生最普遍、危害最严重的一种毁灭性病害，也是世界性的土传细菌病害。姜瘟病广泛分布在热带、亚热带和一些气候温暖地区，可以侵染44个科的400多种植物，蔬菜作物除了危害生姜以外，还危害辣椒、番茄、茄子、烟草、马铃薯等。由于姜瘟病非常难治，因此重点在于预防和控制其发生和流行。

①症状：姜瘟病主要侵害地下茎和根部，叶片也可染病。根茎（种姜和子姜）最初表面出现水渍状黄褐色病斑并失去光泽。随着病情的加重，内部组织颜色逐步加深，软化腐烂后，用手压病部有污浊白色汁液渗出，带有臭味，腐烂到最后只剩下皮壳。地上茎染病，植株近地基部发病时呈暗紫色病斑，后变为黄褐色，如不及时拔除，几天就会腐烂倒伏。挤压病茎横切面有白色浑浊发臭菌液流出。叶片染病，叶色淡黄，边缘卷曲并逐渐萎蔫，叶缘反卷下垂，2～3天后叶片由下至上表现出叶缘和叶尖发黄，以后逐渐干枯。姜瘟病发病期可长达90～120天。

②发生规律：姜瘟病的发生与流行与温度、降雨、土壤、施肥等有密切关系，掌控这些规律有利于姜瘟病的预防和控制。

防治措施：姜瘟病的传播途径多，发病期长，因而防治是一个难题。目前还没有理想的杀菌药剂，也未发现理想的抗病品种，只有以农业防治措施为主，以药物防治为辅，切断传播途径，尽可能控制病害的发生与蔓延。

③防止土壤传播：

轮作换茬：姜瘟病是一种普遍发生的病害，一般的姜田或多或少均有发生，其病菌可在土壤中存活2年以上，轮作换茬是切断土壤传播病菌的重要途径，尤其是已发病的地块，要间隔3～4年以上才可种姜。种姜的前茬最好是种植粮食作物的地块，至于菜园地，以葱茬、蒜茬为好。种过番茄、辣椒、茄子、马铃薯等茄科植物，特别是发生过青枯病的地块，不宜种姜。实行4年以上轮作，并使用无病姜种，结合精细管理，对控制姜瘟病的发生有显著效果。

土壤消毒：土壤病菌多或地下害虫严重的地块，在播种生姜前撒施或沟施灭菌杀虫的药土。按每公顷用溴甲烷375～525千克熏蒸土壤。在播种前30天左右，以专用施药器具按30厘米左右的间距，将药液注入15～25厘米深的土层内，每点注入2～3毫升，然后用地膜覆盖3～5天，撤除薄膜15～20天后整地备播。溴甲烷毒性极高，挥发性强，施药时必须由专业人员操作。

也可使用氰氨化钙（石灰氮）进行土壤消毒。石灰氮也是一种肥效较长的氮肥，同时具有杀虫、杀菌、除草、提高地温、调节土壤酸碱度、加速土壤残留植株根茬腐烂、抑制硝化反应的功效。其使用方法有土壤消毒和开沟撒施2种。土壤消毒可在生姜种植前20～30天，按每公顷用量750～1 300千克石灰氮与足量有机肥料或切碎的作物秸秆混匀，施于田间并浇水，然后以薄膜覆盖15～20天后，整地备播。开沟撒施按每公顷用750千克石灰氮与有机肥混匀撒于沟内，并与土壤充分混匀，然后浇水、播种。

土壤消毒的效果与温度关系密切，一般以20℃以上效果较好，低于15℃则效果不佳。

④防治种姜传播：种姜带病是传播姜瘟病的主要途径之一，种姜收获前，在无病的姜田严格选种，种姜收获后先晾晒几天后，并剔除病姜，在窖内要单收单储，窖内及时消毒，控制适宜的窖温。第二年播种前在进行严格选种，杜绝种姜带菌下田。

⑤防治肥水传播：

施净肥：姜田所用肥料应尽量不带病菌，不可用病株、病姜或带菌土壤沤制土杂肥，农家肥必须经腐熟后方可施用。采用测土配方施肥技术，增施有机肥，配施磷钾肥。

浇净水：姜田最好用清洁干净的水源灌溉，最好用井水灌溉。严禁将病株向灌溉水中乱扔，如有条件可采用塑料软管灌溉。应逐垄浇灌，严控浇水量，防止串垄和大水漫灌，以避免病菌随水传播。

⑥防止株间传播：当高温季节姜瘟病高发期一旦发现病株应及时拔除，并带出田外，然后用石灰水或漂白粉进行灌窝处理，防止病情扩展。

化学防治措施：发病初期，喷洒72%农用硫酸链霉素可溶性粉剂1 000倍液或50%的氯溴异氰尿酸可溶性粉剂1 500～2 000倍液或77%氢氧化铜可湿性粉剂400～600倍液或20%噻菌铜悬浮剂500倍液或2%春雷霉素水剂500倍液等喷淋或浇灌。上述药剂每周施用1～2次均有一定的防治效果。

主要参考文献

黄伟 . 2013. 韭菜葱蒜类蔬菜高效栽培与储运加工一本通［M］. 北京：化学工业出版社 .

刘海河，张彦萍 . 2012. 姜安全优质高效栽培技术［M］. 北京：化学工业出版社 .

陆帼一，程智慧 . 2009. 大蒜高产栽培［M］. 金盾出版社 .

马国瑞 . 2009. 蔬菜施肥手册［M］. 北京：农业出版社 .

苗锦山，沈火林 . 2014. 葱高效栽培［M］. 机械工业出版社 .

苗锦山 . 2015. 生姜高效栽培［M］. 北京：机械工业出版社 .

彭长江 . 2014. 生姜高效生产实用技术［M］. 北京：化学工业出版社 .

孙永生 . 2015. 图说棚室韭菜大葱及香葱栽培关键技术［M］. 北京：化学工业出版社 .

汪兴汉，张爱民 . 2005. 葱蒜类蔬菜生产关键技术百问百答［M］．北京：中国农业出版社．
王迪轩．2014．薯芋类蔬菜优质高效栽培技术问答[M]．北京：化学工业出版社．
杨崇良，杨韬，孔素萍．2015．大蒜优质高产栽培与安全生产［M］．北京：化学工业出版社．
张和义，李衍，李苏迎．2014．洋葱无公害栽培技术［M］．杨凌：西北农林科技大学出版社．
赵冰．2000．蔬菜优质四季栽培——韭菜 大葱 洋葱 大蒜［M］．北京：科学技术文献出版社．
赵德婉．1993．生姜高产栽培［M］．北京：金盾出版社．
赵德婉．2002．生姜优质丰产栽培原理与技术［M］．北京：中国农业出版社．